超声流量计
声道设计与调整器
流场优化方法

陈国宇　刘桂雄　著

華南理工大學出版社
SOUTH CHINA UNIVERSITY OF TECHNOLOGY PRESS
·广州·

图书在版编目(CIP)数据

超声流量计声道设计与调整器流场优化方法/陈国宇，刘桂雄 著．—广州：华南理工大学出版社，2023.12
ISBN 978－7－5623－7441－1

Ⅰ．①超…　Ⅱ．①陈…②刘…　Ⅲ．①超声波流量计　Ⅳ．①TH814

中国国家版本馆CIP数据核字(2023)第179471号

超声流量计声道设计与调整器流场优化方法
陈国宇　刘桂雄　著

出 版 人：柯　宁
出版发行：华南理工大学出版社
（广州五山华南理工大学17号楼，邮编510640）
http：//hg.cb.scut.edu.cn　E-mail：scutc13@scut.edu.cn
营销部电话：020－87113487　87111048（传真）
策划编辑：洪婉婷
责任编辑：洪婉婷　刘　锋
责任校对：王洪霞
印 刷 者：广州市新怡印务股份有限公司
开　　本：787mm×1092mm　1/16　总印张：9.25（含彩插0.75印张）　字数：187千
版　　次：2023年12月第1版　印次：2023年12月第1次印刷
定　　价：49.00元

前　言

流量作为工业自动化领域三大测量参数之一，其测量结果的准确性、稳定性非常关键。而超声流量计作为流量测量常用设备，其性能受声道结构、流场发展水平的直接影响。本书以“超声流量计声道设计与调整器流场优化方法”为题，从影响时差式超声流量计准确度因素分析、超声流量计声道结构、流动调整器对流场影响等方面，论述国内外研究进展，研究了超声流量计立体单声道、多声道设计理论、典型流动调整器性能评价与流场优化方法，对提高流体测控技术水平、加快智能制造与装备技术发展而言具有重要学术价值与实际意义。

本书主要的研究内容及研究成果包括：

(1) 探索时差式超声流量计立体单声道设计方法，以提高单声道对不规则流场的适应力。提出流量测量平均相对误差、标准误差可作为单声道性能评价指标，以综合反映声道对不规则流场的适应力强弱。推导通用最小声道数目计算公式，各声道段与管道中心距离等差、等比分布求解公式，平面模型相邻声道段同侧、异侧分布的夹角计算公式，实现单声道平面模型的建模与求解。推导通用坐标计算公式、相邻声道段空间夹角计算公式，实现立体单声道拓扑结构设计。算例推演表明，以技术指标覆盖率优先为原则设计声道，可有效增大声道长度，且覆盖率可为常用代表性声道最大覆盖率的 2.7 倍，有助于提升声道对流场变化的适应力，先进性明显；以结构工艺优先为原则设计声道，在增大声道长度的同时，得到的覆盖率为常用代表性声道最大覆盖率的 2.6 倍。

(2) 探索性研究时差式超声流量计立体多声道设计方法，以提高多声道对不规则流场的适应力。提出声道数目、平均声道反射次数、声道覆盖率、流量测量平均相对误差、流量测量标准误差可作为多声道性能评价指标，以衡量多声道对不规则流场适应力。推导声道数目、各声道包含声道段数、多声道平面模型组合排列数量计算等公式，实现多声道平面模型的建模与求解。推导通用坐标计算公式以计算各个声道节点坐标，并进一步研究以避免换能器位置冲突为目的的节点坐标调整方法、多声道的单一声道流速加权系数确定方法，实现立体多声道拓扑结构设计。算例推演表明，设计声道在实现与平行式声道覆盖率一致时，所需换能器数量仅为平行式声道所需的1/3。此外，设计声道在换能器数量上仅用交叉多声道所需的67%，但其覆盖率则超过交叉多声道的5.46倍。

(3) 深入研究基于CFD的流动调整器评价方法及流场优化策略。通过构建通用流动调整器研究模型，并利用CFD技术便捷获取调整器下游流速信息，实现流动调整器性能快速评价。研究典型流动调整器性能的仿真分析与优化，通过删除Etoile调整器内交汇处叶片、增加近管壁区域叶片提出空心窗花式调整器，可有效改善雷诺数（*Re*），为5.84×10^4、5.84×10^5时调整器的下游流场的稳定性；提出等径多孔调整器，将孔径、节圆尺寸从10种降到7种，提升调整器可制造性，并通过改变中心4孔径大小以改善*Re*较大时靠近调整器区域流场的充分发展水平。研究基于正交设计的组合式调整器方案，采用正交设计方法对组合式调整器的前端构件长度、前后端间隔、叶片空心直径进行方案设计，快速厘清影响调整器性能的主次因素顺序，减少试验次数，并快速寻找性能相对最优的组合式调整器。探索流动调整器可制造性优化方法，推导直观连接方式（两两叶片连接一次）下，多个连接点所需连接总次数的计算公式，并通过折曲叶片开槽卡位，提出了两种优化构成方式，其均可有效减少叶片间连接次数（分别从原来112次降到64次、10次）。

本书在出版过程中得到了广州能源检测研究院和华南理工大学机械与汽车工程学院的支持，在此一并表示感谢。

编 者

2023年9月

目　录

第1章　绪　论

1.1　研究背景及意义

流量作为工业自动化领域三大测量参数之一，是国家能源调度、企业降耗提控、人民节能减排的重要控制因素，其测量结果的准确性、稳定性对能源输送、工业过程控制、节能调度分析、民生流量计费等军、工、民生领域有直接影响。国家发展和改革委员会于2004年发布《节能中长期专项规划》[1]，明确将“提高能源利用效率，加快建设节能型社会”作为2004—2020年国家重点建设目标。随后，国家“十一五规划”“十二五规划”“十三五规划”[2]亦相继提出加强资源节约、提高能源利用率，促进节能减排，建设环境友好型社会的发展目标。而上述目标的实现离不开对流量的准确、稳定测量。

流量的测量一般由流量计完成，而不同应用条件、测量需求对流量计性能的要求也各异。在这样的背景下，时差式超声流量计因具有宽量程比、精度高、重复性好等特点而应用广泛[3-5]。时差式超声流量计通过测量超声信号在顺、逆流的传播时间，间接计算管道流量，其中声道(超声信号传播路径)数目、拓扑结构直接影响声道区域流体的平均流速，进而影响流量测量结果的准确性与稳定性。经典的时差式超声流量计声道拓扑结构包括U形、Z形、V形等，这些声道拓扑结构较为简单，但声道覆盖率(声道对流场覆盖程度)较低，这使其对流场扰动变化的适应能力受到限制，直接影响流量的测量准确度[6]。随着管道直径增大、测量范围变广，单一声道所能获取的流场信息相对有限，通过增加声道数目以提升声道对流场的覆盖程度，是提高流量测量准确性的重要方法。然而，现有多声道拓扑结构一般呈中心对称式分布，声道获取的流场信息容易重复，而且声道间的信息汇总加权方式亦未能针对不同声道拓扑结构而区之一别，导致多声道测量结果仅是单声道测量的简单累加[7]。流量计测量结果对测量流场比较敏感，漩涡、不对称流等不充分发展流体容易引起测量结果偏差，因而流体在流量计上游往往需经过稳流处理，通过流动调整器加速使不规则流体趋于稳定、充分发展已然成为普遍方法。但不同结构的流动调整器对不同类型流体的适用性分析还有所欠缺，因此，流动调整器性能评价与流量计型号关联，已经成为制约流动调整器设计、兼容、推广的重要因素[8]。研究声道设计及调整器流场优化等流量测量基础理论与共性关键技术是具有探索性、有意义的工作。

本书以“超声流量计声道设计与调整器流场优化方法研究”为题，以提高流量计测量性能为出发点，重点研究立体单声道、多声道拓扑结构设计方法、基于计算流体力学(computational fluid dynamics，CFD)的流动调整器评价方法及流场优化策略等理论与方法，并将相应研究结果应用于高流速、宽量程比流量测量装置等系统中，这对于提高流体测控技术水平、加快智能制造与装备技术发展，具有重要学术价值与实际意义。

1.2 时差式超声流量计准确度影响因素分析

流量作为工业自动化领域三大测量参数之一，随着石油和天然气工业的强势增长及工业过程控制精度要求的提升，其测量准确度与稳定性成为能源输送与工业过程控制的关键因素[9,10]。相对于节流式、容积式、涡轮式等传统流量仪表的流量检测技术，超声流量检测技术因具有无可移动部件、压损小、宽量程比、精度高等特点而成为近年来流量检测领域发展最为迅猛的技术之一[11-13]。从2002年至2007年，我国超声流量计销售额从3.73亿元增长至6.12亿元，年增长率达10.4%（其间传统流量仪表销售增长率为-2.2%）[14]。可见，随着电子技术进一步发展，超声流量计在流量测量仪表中的份额将日益增加。

根据测量原理的不同，常见超声流量计类型可分为多普勒式、波束偏移式、噪声式、传播速度差式(时差式、频差式、相差式)等[15]，其中基于声学多普勒效应的是多普勒式超声流量计，适用于有较多悬浮颗粒或气泡的被测流体[16]；波束偏移式超声流量计通过接收信号的强弱衡量信号在流体流动方向的偏移角度或距离来计算流量，一般要求信号垂直管壁入射[17]；噪声式超声流量计是通过识别流体中紊流或涡流产生的噪声强度来计算流量的，适用于流动噪声较大的流体[18]；传播速度差式超声流量计是基于流体对信号速度的调制作用原理来测量流量的，适用于清洁流体[19]。在常见超声流量计类型中，时差式超声流量计因原理简单、精度较高而应用最广泛[20]。

图1-1所示为时差式超声流量计工作原理图，其原理是通过测量超声信号在顺、逆流流体中的传播时间进而将数据换算成流体流量[21]。若声道长度为l_p，声道经过区域流体平均速度为$\bar{v}_{fp}$，超声信号在流体介质静止状态下传播速度为v_s，管道直径为D_p，声道与管道中轴线的夹角为θ_p，则信号顺、逆流传播时间分

别为：

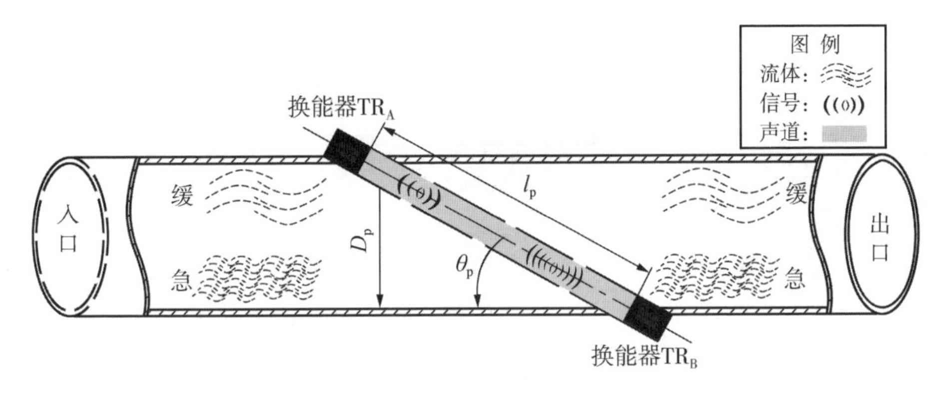

图1-1 时差式超声流量计工作原理图

$$t_d = \frac{l_p}{v_s + \bar{v}_{fp} \cdot \cos\theta_p}$$

$$t_u = \frac{l_p}{v_s - \bar{v}_{fp} \cdot \cos\theta_p}$$

换算得到声道经过区域的流体平均速度：

$$\bar{v}_{fp} = \frac{\sqrt{l_p^2 + (t_u - t_d)^2 v_s^2} - l_p}{(t_u - t_d)\cos\theta_p}$$

$\bar{v}_{fp}$经过流速修正系数k_{cf}修正后，可得管道截面流体平均流速$\bar{v}_f = k_{cf} \cdot \bar{v}_{fp}$，结合管道截面参数可得流量$Q_M$为：

$$Q_M = k_{cf} \cdot \frac{\sqrt{l_p^2 + (t_u - t_d)^2 v_s^2} - l_p}{(t_u - t_d)\cos\theta_p} \cdot \frac{\pi D_p^2}{4} \tag{1-1}$$

由上式可以看出，Q_M是k_{cf}、l_p、θ_p、$(t_u - t_d)$、v_s、D_p的函数，在v_s、D_p一定的情况下，Q_M与k_{cf}、l_p、θ_p、$(t_u - t_d)$参数有关，其中l_p、θ_p为声道结构参数，k_{cf}为流速修正系数，$(t_u - t_d)$为顺流与逆流传播时间差，也就是说流量Q_M准确度受到声道结构参数、流速修正系数、顺流与逆流传播时间差等因素的影响。声道结构参数与声道设计方法有关，流速修正系数与声道结构和流场发展水平有关，顺流与逆流传播时间差跟声道结构和时间测量技术有关。如图1-2所示为影响流量计准确度的因素关系图。

可以看出，声道设计、时间测量技术、稳流措施、扰流件是影响流量计准确度的关键因素，其中时间测量技术提升时间差分辨率是在信号接收后进行的优化行为，难以对信号与流体交互过程、时间差大小产生影响，且现有时间测量技术实现的时间差分辨率基本可满足测量需求[22-25]，扰流件（变截面管、弯管、阀门

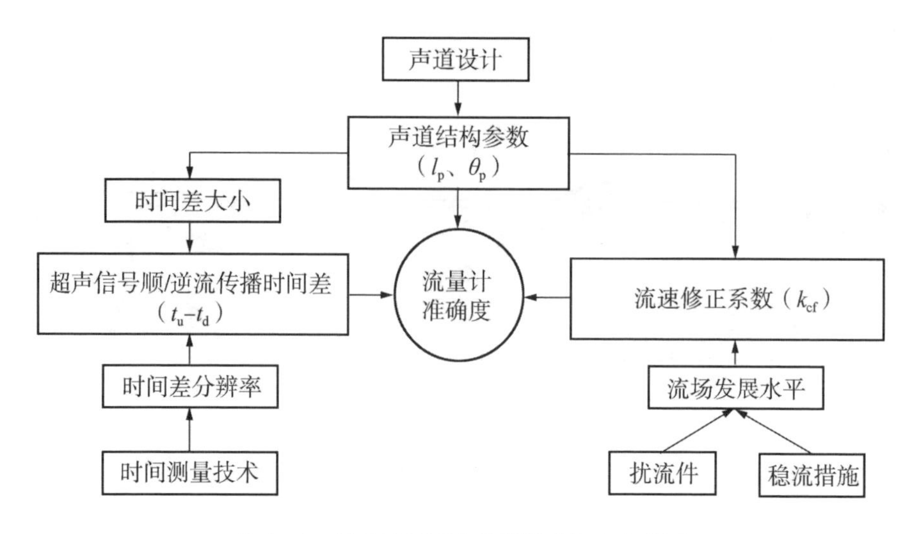

图 1－2　影响流量计准确度因素关系分析图

等）为管道系统客观需要，因而从声道设计、流场稳定措施方面探索提高流量计测量性能的方法意义非常重大。

1.3　国内外研究进展

基于前文的分析，本书将从时差式超声流量计声道设计、流场稳定措施等方面探讨提高流量计测量性能的方法，其中流场稳流措施往往由流动调整器落实。以下从“超声流量计声道结构”“流动调整器对流场影响”两方面讨论相关研究领域的国内外进展。

1.3.1　超声流量计声道结构

超声流量计声道是指超声信号从发射至被接收间的传播路径。在计算测量流量 Q_M 过程中，声道结构参数直接影响顺/逆流传播时间差 $t_u - t_d$ 的大小、流速修正系数 k_{cf}的准确性。在$(t_u - t_d)$方面，时间测量分辨率已小于或等于 50 ps；但在流量较小的场合，只能尽量增加声道长度以保证测量准确度。在 k_{cf}方面，由于 $\bar{v}_f = k_{cf} \cdot \bar{v}_{fp}$（$k_{cf}$为修正管道截面平均流速 $\bar{v}_f$ 与声道覆盖区域流体平均流速 $\bar{v}_{fp}$间的关系），标定 k_{cf}时的流场发展水平对应的平均流速为 $\bar{v}_{fp}$，但流场发展水平会由于管道系统不同、边界条件改变而发生变化：$\bar{v}_{fp} \rightarrow \bar{v}'_{fp}$，$k_{cf} \cdot \bar{v}'_{fp} \neq \bar{v}_f = k_{cf} \cdot \bar{v}_{fp}$。提升声道对流场变化的适应力，是保证流量计准确度的重要措施，故超声流量计声道结构的发展需以声道长度增长技术、声道对流场变化的适应力提升技术为优化方向。

根据换能器数目的差异，超声流量计可分为单声道超声流量计[26]、多声道超声流量计[27]。单声道超声流量计仅包含一对发射/接收换能器，结构简单、灵活，适用于中小管径管道系统[流量较小时，(t_u-t_d)小]，声道结构发展以考虑足够流场变化适应力下的长度增长为主要方向；多声道超声流量计包含两对以上发射/接收换能器，结构较复杂，适用于中大管径管道系统[(t_u-t_d)足够大]，声道结构发展以提升声道对流场变化的适应力为主要方向。

1.3.1.1 超声流量计中单声道结构的发展

目前国内外代表性的超声流量计单声道结构包括平面内管内反射式(U形)[28]、平面内管壁反射式(Z形、V形、N形、W形)[29-32]、横截面为正三角形的立体空间管壁反射式等声道结构[33]。以下结构类型，若无特别说明，换能器在管道方向间距皆为l_{AB}，管道直径皆为D_p。

1. 平面内管内反射式声道的结构

平面内管内反射式声道的反射板安装在管道内部，其代表结构为U形声道[34]。如图1-3所示为U形声道的拓扑结构图，换能器安装在管道同侧，且在同一直线上，换能器正下方分别装有反射板，使得信号经过反射后沿管道中轴线方向传播。从管道纵剖面看，声道呈"U"字形。其声道长度l_u为：

$$l_U = l_{AB} + D_p \tag{1-2}$$

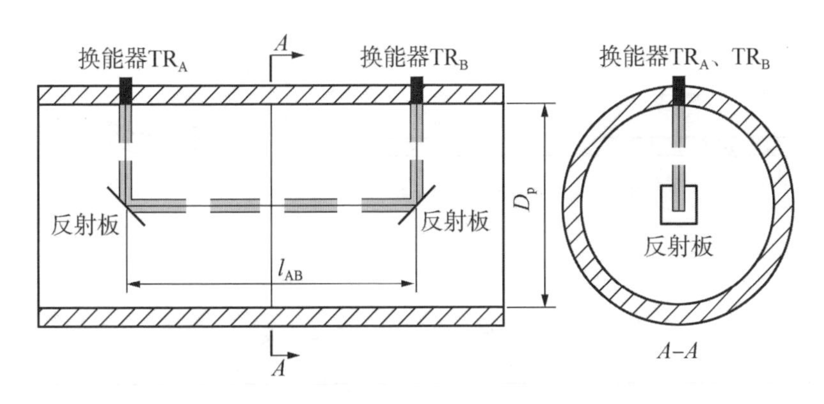

图1-3 U形声道拓扑结构

该声道结构特点为：①中轴线附近的流场变化不大时，声道性能较稳定，但反射板容易引起流场紊乱，也会造成流量计压损，存在二次反射能量损耗；②D_p一定，要增大l_U就只能通过增大l_{AB}(即流量计变长)来实现，但这种做法会引起流量计体积增大、制造成本增加；③该声道在管道横截面的投影仅为一段半径，声道对不同发展水平流场适应力有限。华南理工大学黄侨蔚(2013)研究了反射板中部管道收缩对U形声道性能所造成的影响，发现当收缩截面管径为0.75D_p时，声道性能最佳[35]。

2. 平面内管壁反射式声道的结构

平面内管壁反射式声道的换能器、反射板均在同一平面内管壁附近，没有阻流部件，压损小，但声道在管道横截面上的投影为一条直径，结构单一，对不同发展水平流场的适应力相对有限。代表声道结构类型包括Z形(0次反射)[36]、V形(1次反射)[37]、N形(2次反射)[38]、W形(3次反射)[39]等。

(1)Z形声道结构：一对换能器斜正对向安装在管道异侧，声道一般位于管道纵剖面内，是中小管径流量测量、外夹式超声流量计的最常用声道结构[40]。如图1-4所示为其拓扑结构图。Z形声道结构的声道长度为$l_Z=\sqrt{l_{AB}^2+D_p^2}$，可推得

$$l_Z^2-l_U^2=(\sqrt{l_{AB}^2+D_p^2})^2-(l_{AB}+D_p)^2=-2l_{AB}D_p<0 \qquad (1-3)$$

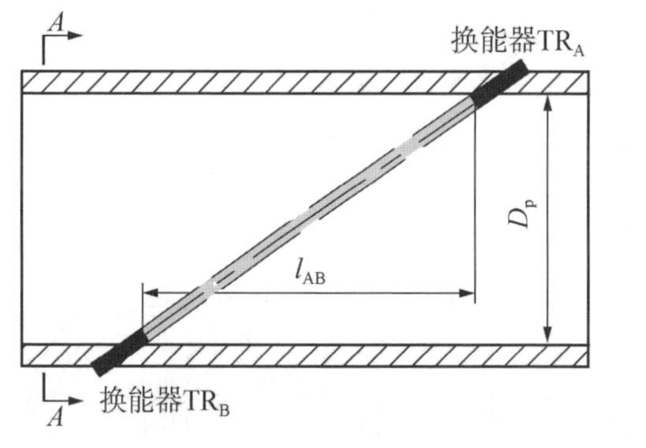

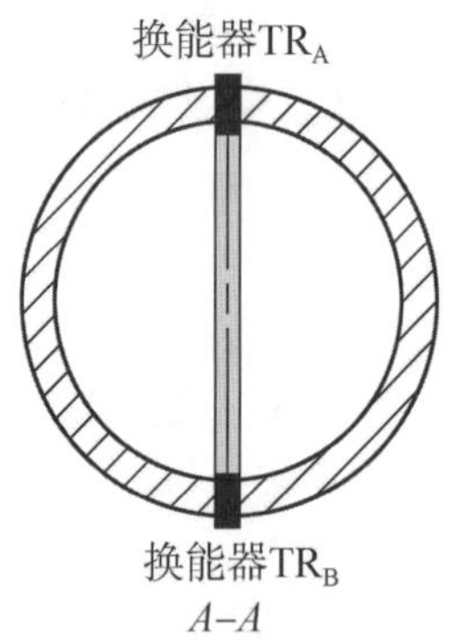

图1-4　Z形声道拓扑结构

可以看出：①不管l_{AB}、D_p如何变化，均存在$l_Z<l_U$，表明l_{AB}一定时，Z形声道长度较U形声道的长；②若D_p一定，要想增大l_Z，就只需增大l_{AB}(即流量计变长)，但这也会使流量计体积增大、成本增加。

(2)V形声道结构：信号可于结构内完成1次反射，反射板布置在换能器对侧面(位置在换能器中间)，声道在纵剖面上呈“V”字形[41]。如图1-5所示为其

拓扑结构图。V 形声道结构的声道长度为 $l_V = \sqrt{l_{AB}^2 + 4D_p^2}$，可推得：

$$\begin{cases} l_V^2 - l_Z^2 = (\sqrt{l_{AB}^2 + 4D_p^2})^2 - (\sqrt{l_{AB}^2 + D_p^2})^2 = 3D_p^2 > 0 \\ l_V^2 - l_U^2 = (\sqrt{l_{AB}^2 + 4D_p^2})^2 - (l_{AB} + D_p)^2 = (3D_p - 2l_{AB})D_p \end{cases} \tag{1-4}$$

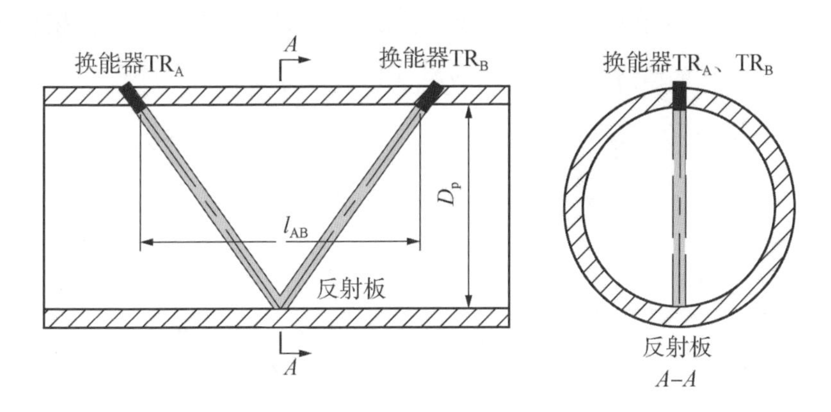

图 1-5　V 形声道拓扑结构

可以看出：①不管 D_p 如何变化，均存在 $l_V > l_Z$，表明 l_{AB} 一定时，V 形声道较 Z 形声道实现声道长度增长；② $l_{AB} < 1.5D_p$ 下，有 $l_V > l_U$，V 形声道较 U 形声道实现声道长度增长。

(3) N 形声道结构：信号可于结构内完成 2 次反射，反射板安装在换能器中间等间距位置，声道在纵剖面上呈“N”字形[42]。如图 1-6 所示为其拓扑结构图。N 形声道结构的声道长度为 $l_N = \sqrt{l_{AB}^2 + 9D_p^2}$，可推得：

$$\begin{cases} l_N^2 - l_V^2 = (\sqrt{l_{AB}^2 + 9D_p^2})^2 - (\sqrt{l_{AB}^2 + 4D_p^2})^2 = 5D_p^2 > 0 \\ l_N^2 - l_U^2 = (\sqrt{l_{AB}^2 + 9D_p^2})^2 - (l_{AB} + D_p)^2 = 2(4D_p - l_{AB})D_p \end{cases} \tag{1-5}$$

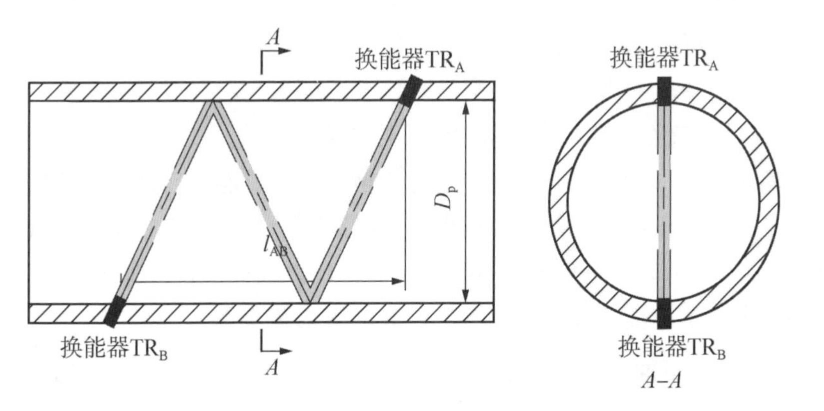

图 1-6　N 形声道拓扑结构

可以看出：①不管 D_p 如何变化，均存在 $l_N > l_V$，表明 l_{AB} 一定时，$t_u - t_d$ 增大，N 形声道较 V 形声道实现声道长度增长；②$l_{AB} < 4D_p$ 下，有 $l_N > l_U$，N 形声道较 U 形声道实现声道长度增长。

(4) W 形声道结构：信号可于结构内完成 3 次反射(反射板安装在换能器中间等间距位置)，声道在横截面上呈"W"字形[43]。如图 1-7 所示为其拓扑结构图。W 形声道结构的声道长度为 $l_W = \sqrt{l_{AB}^2 + 16D_p^2}$，可推得：

$$\begin{cases} l_W^2 - l_N^2 = (\sqrt{l_{AB}^2 + 16D_p^2})^2 - (\sqrt{l_{AB}^2 + 9D_p^2})^2 = 7D_p^2 > 0 \\ l_W^2 - l_U^2 = (\sqrt{l_{AB}^2 + 16D_p^2})^2 - (l_{AB} + D_p)^2 = (15D_p - 2l_{AB})D_p \end{cases} \tag{1-6}$$

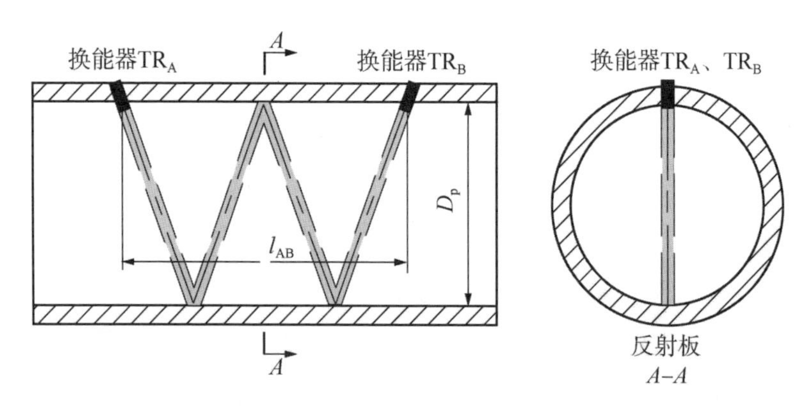

图 1-7　W 形声道拓扑结构

可以看出：①不管 D_p 如何变化，均存在 $l_W > l_N$，表明 l_{AB} 一定时，W 形声道较 N 形声道实现声道长度增长；②$l_{AB} < 0.75D_p$ 下，有 $l_W > l_U$，W 形声道较 U 形声道实现声道长度增长。

上海理工大学严锦洲等(2014)基于 W 形声道结构设计了新型超声流量计，实现流速为 0.15 ~ 30 m^3/h 时，信号顺逆流传播时间差为 5 ~ 850 ns[44]。英国剑桥大学 Mahadeva 等(2009)研究了管壁厚度等因素变化引起换能器距离的改变对 V 形声道性能所造成的影响，并将测量误差减小至 0.5% ~ 5%[45]。

3. 横截面正三角形的立体空间管壁反射式声道结构

横截面正三角形的立体空间管壁反射式声道的换能器、反射板在管壁附近但不在同一平面内，没有阻流部件，压损小，横截面上投影为正三角形声道[46]。

如图 1-8 所示为正三角形声道拓扑结构，反射板位于管道边侧内壁(有 2 次反射)，声道在横截面上呈"△"形。若换能器与反射板轴向间距 l_x，$0 \le l_x \le 0.5l_{AB}$，则其声道长度 $l_\triangle = \sqrt{3D_p^2 + 4l_x^2} + \sqrt{0.75D_p^2 + (l_{AB} - 2l_x)^2}$，可推得：

$$\begin{cases} l_\triangle \leqslant l_N & l_x \in \left(\dfrac{15l_{AB} - \sqrt{33}l_N}{48}, \dfrac{15l_{AB} + \sqrt{33}l_N}{48}\right) \\ l_\triangle > l_N & l_x \in \left(0, \dfrac{15l_{AB} - \sqrt{33}l_N}{48} \cup \dfrac{15l_{AB} + \sqrt{33}l_N}{48}, 0.5l_{AB}\right) \end{cases} \tag{1-7}$$

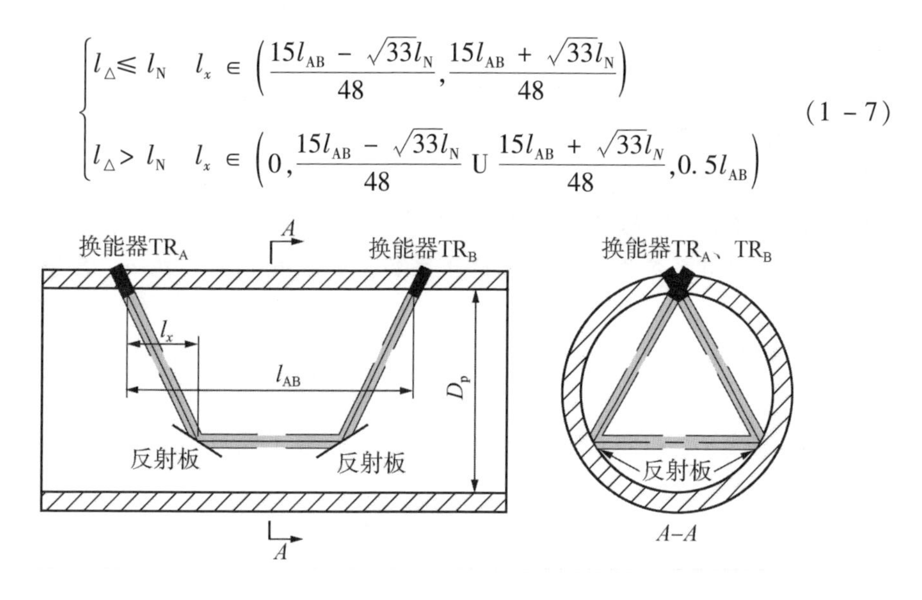

图1-8　正三角形声道拓扑结构

可以看出：①$l_\triangle$是D_p、l_{AB}、l_x的函数，在D_p、l_{AB}一定时，可通过改变l_x值以控制$l_\triangle$；②当$0 \leqslant l_x < \dfrac{15l_{AB} - \sqrt{33}l_N}{48}$或$\dfrac{15l_{AB} + \sqrt{33}l_N}{48} < l_x \leqslant 0.5l_{AB}$，$l_\triangle > l_N$，正三角形声道较同可形成信号的2次反射的N形声道实现声道长度增长；③声道在管道横截面上的投影为一正三角形，声道拓扑空间复杂，声道投影为中心对称形，虽然在一定程度上提高了声道对不同发展水平的流场的适应力，但考虑到声道覆盖水平，其声道结构还是有待进一步优化。有研究对比分析了V形声道、正三角形声道，结果表明正三角形声道平均测量误差约为V形声道的47%[47]。

综上所述：①增长声道技术是单声道结构发展的重要方向之一，反射提高声道长度是普遍方法。②平面内管内反射式声道可增长声道，但压损大、反射板扰流，适应性一般；平面内管壁反射式声道长度$l_p = \sqrt{l_{AB}^2 + (n+1)^2 D_p^2}$（$n \in \mathbf{N}$为反射次数），没有阻流部件，压损小，声道在管道横截面上的投影为一条直径，对不同发展水平流场的适应力相对有限，反射次数越多，能量损耗越大。横截面正三角形的立体空间管壁反射式声道结构具有无阻流部件、压损小的特点，声道长度变化灵活，对不同发展水平流场的适应力更强一些。其声道投影为中心对称形，虽然因此一定程度上提高了声道对不同发展水平的流场的适应力，但考虑到声道覆盖因素，其声道结构还有待进一步优化。③立体空间管壁反射式声道结构性能最为优越，但声道空间拓扑结构的优化需考虑制造工艺、成本因素，为提升声道的流场适应力，探索立体声道的设计理论与方法就显得具有重要理论价值与实际意义。

1.3.1.2 超声流量计中多声道结构的发展

与单声道结构的主要发展方向(以考虑足够流场变化适应力下的长度增长)不同，超声流量计中多声道结构的发展方向是以提升声道对流场变化的适应力(即保证流速修正系数 k_{cf}的准确性)为主[48,49]。若声道 i 经过区域流体平均速度为 $\bar{v}_i$，声道 i 权重系数为 ω_i，流速修正系数为 k_{cf}，声道数目为 n，管道直径为 D_p，则流量 Q_M 为：

$$Q_M = k_{cf}\left(\frac{\pi D_p^2}{4}\right)\sum_{i=1}^{n}\omega_i\bar{v}_i \tag{1-8}$$

当被测流量 Q_M 相同，D_p 不变时，要保证 k_{cf}在不同流场下的准确性，则需 $\sum_{i=1}^{n}\omega_i\bar{v}_i$ 在不同流场下保持稳定，ω_i 是影响 $\sum_{i=1}^{n}\omega_i\bar{v}_i$ 的重要因素，而它与多声道结构、声道对流场覆盖率等因素相关。

多声道结构一般由多条直射式(0 次反射)声道组合而成，改变直射式声道的相对位置便可获得具备不同流场变化适应力的不同声道结构。根据多声道在管道横截面上的投影是否相交，多声道结构于类型上可分为平行式多声道结构、交叉式多声道结构，其中平行式多声道的各声道所在平面相互平行，受空间约束，声道数目一般不会非常多，结构简单；交叉式多声道的各声道纵横交错，结构复杂、灵活，声道数目可较多。

1. 平行式多声道的结构

如图 1-9 所示为平行式多声道示例[50]，每对位于独立平面内的换能器构成一条声道，各声道与平面内管壁反射式声道结构一致，不同平面内的换能器不互相发射/接收信号，声道在横截面投影为平行弦，改变弦位置、间距可改变声道对流场的覆盖率，进而影响 ω_i 取值。ω_i 的确定方法，设权函数为 $W(z)$，则数值积分[51]：

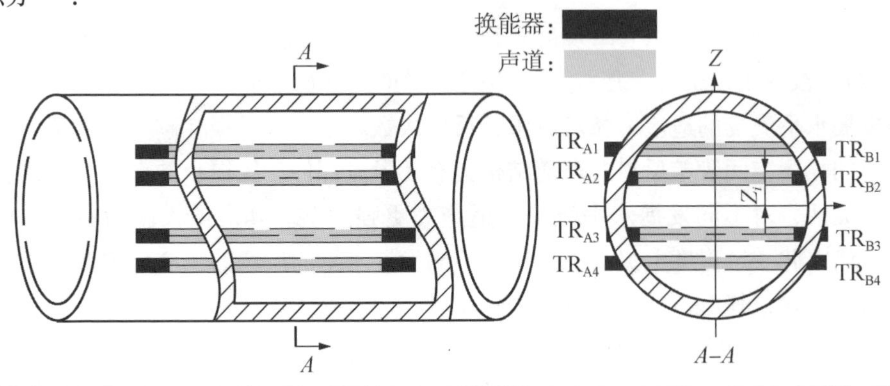

图 1-9 平行式多声道示例

$$\begin{cases}\int_a^b W(z)\cdot f(z)\,\mathrm{d}z \cong \omega_1\cdot f(z_1)+\omega_2\cdot f(z_2)+,\cdots,+\omega_n\cdot f(z_n)\\ \omega_i=\frac{1}{W(z_i)}\int_a^b W(z)\cdot L_i(z)\cdot \mathrm{d}z\quad (i=1,2,\cdots,n);L_i(z)=\prod_{\substack{j=0\\ j\neq i}}^{n}\frac{z-z_i}{z_i-z_j}\end{cases}$$

求解：

$$\int_{\frac{-D_\mathrm{p}}{2}}^{\frac{D_\mathrm{p}}{2}} F(z)\,\mathrm{d}z \cong \frac{D_\mathrm{p}}{2}\sum_{i=1}^{n}\omega_i F(z_i);F(z_i)=\bar{v}_i\cdot l_{\mathrm{p}\_i}\cdot\sin(\theta_{\mathrm{p}\_i}) \qquad (1-9)$$

可得 ω_i、$z_i(i=1,2,\cdots,n)$。不同 $W(z)$，得不同的 ω_i、z_i。如高斯－勒让德法 $W(z)=1$[52]、高斯－雅格比法 $W(z)=(1-z)^{\alpha}(1+z)^{\beta}$[53]、切比雪夫多项式法 $W(z)=\sqrt{1-z^2}$[54]等。

平行式多声道的结构特点是声道位置相对固定，不利于测量旋转流场，通常适合于测量中、大管径场合旋转流不明显的流场。平行式多声道结构的发展案例：华中科技大学李跃忠等(2006)采用高斯－勒让德法确定4声道位置及权重系数，实现气体流量测量误差小于0.1%[55]。北京工业大学何存富等(2011)利用高斯－雅格比法研究了换能器安装角度、多声道布置在1或2个平面内对DN400流量计性能的影响，发现流速小于1 m/s时，安装角度影响显著(0°最佳)，声道布置面数影响不大；流速大于1 m/s时，安装角度影响不明显，声道布置在2个平面内较好[56]。中国计量科学研究院张亮等(2012)采用高斯－雅格比法在DN1000管道布置18声道，研究换能器安装位置(凹陷、相切、凸出)对流量测量引入的误差，发现相切时误差接近0，凸出时约为0.5%，凹陷时约为－1.0%[57]。

2. 交叉式多声道的结构

如图1－10所示为交叉式多声道示例[58](声道较多，仅以点划线表示)，上游的每一个换能器 TR_A 可与下游任一换能器 TR_B 形成任一条声道，各声道与平面内管壁反射式声道结构一致。

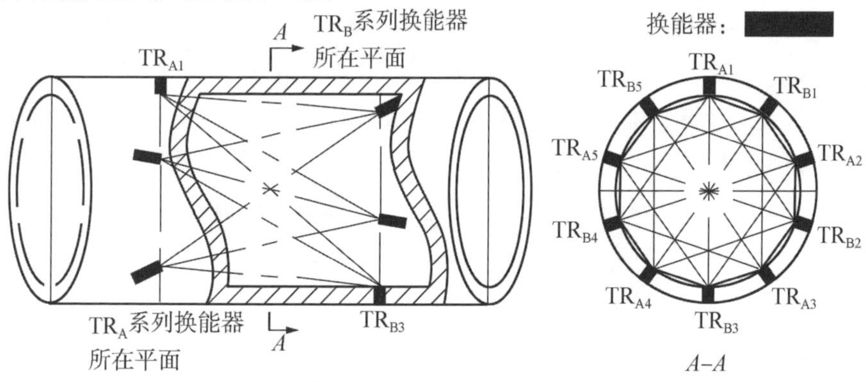

图1－10　交叉式多声道示例

若换能器对数为 m_{TR}，则平行式多声道声道数 $n_P \leqslant m_{TR}$，交叉式多声道声道数目 $n_C \leqslant m_{TR}^2$，可见 m_{TR}一致时，可存在 $n_P = n_C$。交叉式多声道在横截面投影为交错弦，改变换能器位置可调整声道对流场变化的适应力。与平行式多声道的权重系数 ω_i 的确定方法不同，交叉式多声道变化灵活、复杂程度高、性能较好，目前还没有比较一致的 ω_i 确定方法。交叉式多声道结构的发展案例：周围、王明吉(2008)对比分析交叉式双声道与平行式三声道在双扭弯管下游的性能，发现交叉式声道可以借助结构优势使径向流速引起的误差相互抵消，其流速测量结果的误差也比平行式声道的小[59]；美国 van Klooster 等(2010)设计了由 3 条 V 形声道组合而成的多声道超声流量计，有效降低径向/切向流对测量过程的影响，使得测量误差约为 0.15%[60]。

综上所述：①平行式多声道的声道数目一般较少，权重系数确定方法较统一，声道位置由产生权重系数的方法决定；交叉式多声道的声道数目可较多、性能较好，存在较大声道设计空间，但权重系数还缺乏较统一的确定方法，过程复杂。②现有的多声道一般为多条直射式(0 次反射)声道组合而成，多次反射声道的应用较少。多声道结构较单声道结构的换能器数目增多，流量计成本会增加，在满足测量要求的情况下，单声道结构更具优势，且多声道结构往往是由多条对射式单声道组合而成的，故应以单声道结构为声道设计研究重点。

1.3.2 流动调整器对流场的影响

流动调整器是指能加速不规则流场稳定化、显著减少流体中漩涡、提升流场中下游流体充分发展水平的整流器件，探讨其对流场所造成的影响的相关研究包括流动调整器结构发展、流动调整器性能评价方法发展等。以下将围绕这两方面展开相关论述。

1.3.2.1 流动调整器结构的发展

目前国内外代表性流动调整器有叶片式、孔板式、组合式等结构类型。其中，叶片式流动调整器通过多片平面/曲面叶片将管道内部分割成多块长条形区域，使不规则流体经过该区域时被分割，流体流动状态在长条形区域得以调整[61]；孔板式流动调整器仅含一块中心对称式多孔板，利用规则布置的圆孔减少不规则流体漩涡数量和规整流场[62]；组合式流动调整器主要包含叶片和多孔板结构，通过叶片对不规则流体进行初步整流，再加上孔板流动调整器的作用，在短距离内可获得完全轴对称充分发展的流速分布[63]。

1. 叶片式流动调整器的结构

根据叶片结构构成方法的不同，叶片式流动调整器可分成栅格式、径向叶片式、管束式等结构。其中，栅格式流动调整器[64]（见图 1-11）通过等间距横竖分布平板实现流体分割，分割区域小，长度较短，但因其重量较大，结构制造过程则较繁琐。径向叶片式流动调整器[65]（见图 1 – 12）采用 4 片相互中心交错的等长平板等角度间隔分布，将流体分割成 8 个扇形区域，调整器体积、重量、压损、成本等减小，但因流体分割区域越密，整流效果越好，压损越大，反之亦然，此处流体分割区域数量的减少也在一定程度上影响调整器性能，特别是在靠近管道内壁区域，径向叶片分布稀疏，不利于不规则流体整流。管束式流动调整器[66]（见图 1 – 13）利用多条等长、等径或变径圆管构成分割区域，分割区域存在尖角，不利于流体充分发展。叶片式流动调整器多用于整流要求不高、旋转/不对称流强度较低的场合，或用作组合式流动调整器的前端构件。叶片式流动调整器结构的发展案例：张涛（2010）提出一种蛛网状叶片式流动调整器，实现其下游流量计测量误差在 0. 38% ～ 2. 74%[67]；中国科学院电工研究所吴治永等（2012）将两组风叶径向叶片、法兰盘组成流动调整器，以改善中心流场速度畸变，减小管道振动[68]；美国通用电气公司 Uhm 等（2013）将多片径向叶片用作矫直叶片，与网晒、孔板等构成组合式流动调整器，以改善燃料和空气混合流场[69]。

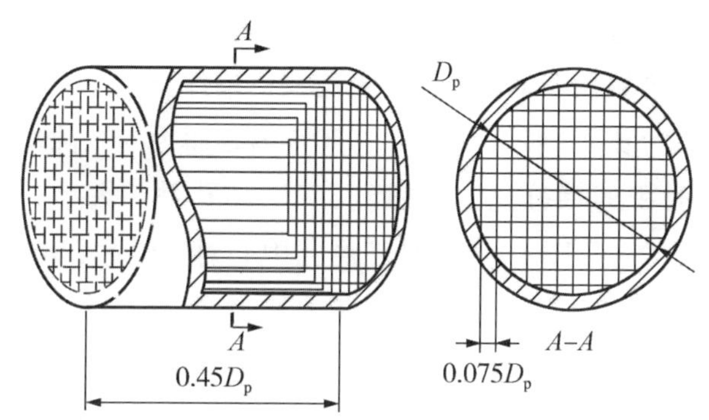

图 1 – 11　栅格式流动调整器示例

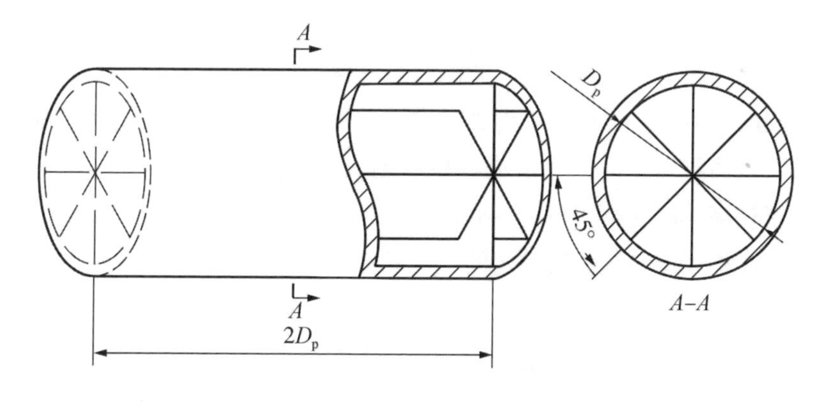

图 1 – 12　径向叶片式流动调整器示例

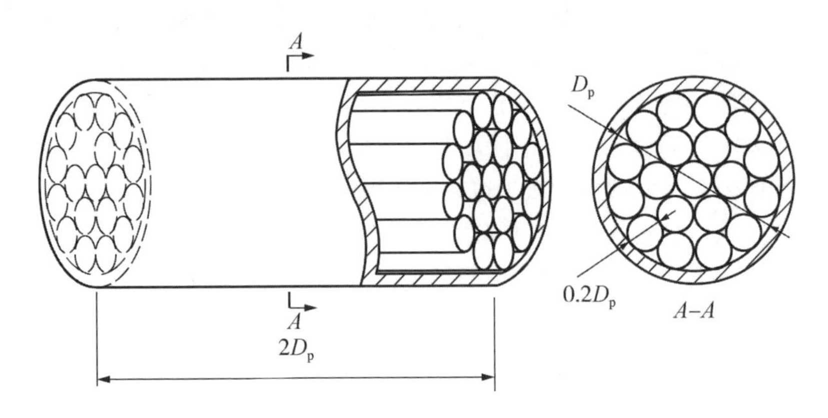

图 1－13　管束式流动调整器示例

2. 孔板式流动调整器的结构

典型孔板式流动调整器结构包括 Laws、Zanker 等人设计的结构(简称 Laws 调整器、Zanker 调整器)。其中，Laws 调整器[70－71]（见图 1－14）采用三层孔中心对称结构，孔数比包括 1：6：12、1：7：14、1：8：16 等多种，孔径由内而外逐渐递减，中心区域孔隙率较高。不同孔数比条件下，总体孔隙率(总开孔面积与截面面积的百分比)一般均在 50%～70% 内，而径向孔隙率(径向某层开孔面积与当层圆环面积的百分比)、湿周长度则随孔数、大小、位置发生变化。Zanker 流动调整器[64](见图 1－15)是五层孔中心对称结构，与 Laws 调整器比，总体孔隙率(45.29%)降低，压损增大，整流能力增强(湍流能系数增大)。各层孔径减小、数目增多(孔数比 4：8：4：8：8)，既能保证总体孔隙率，又可减小大孔引起的冲击流效应。但其难以在短距离内产生完全轴对称充分发展的流速分布，尤其是在强不对称流情况下，其上游仍需设有较长直管实现流体的缓冲。孔板式流动调整器特点是长度短、体积小、重量轻、拆装灵活，能产生容许流动状态，总体孔隙率越大，压损越小，湍流能系数越小；四周长度越长，流体经过圆孔边界引起的总剪切应力越大，但因其设计过程较复杂，加工精度要求高，且圆孔径越大，截面收缩引起的冲击流现象即尾流现象则越严重[72,73]。故其主要用于整流要求较高、旋转/不对称流强度不高的场合，或用作组合式流动调整器的后端构件。孔板式流动调整器结构的发展案例：潘顺国(2013)设计了一种蜂窝式分布的孔板流动调整器，可有效降低流场噪声，减少流体不规则流动[74]；谭文胜(2012)将栅格式叶片、多孔板组合成流动调整器安装于超声流量计上游，可有效提高流量计测量准确性和稳定性[75]；马来西亚 Manshoor 等(2013)利用分形图案孔板流动调整器降低凹坑引起旋转流对孔板流量计的影响[76]。

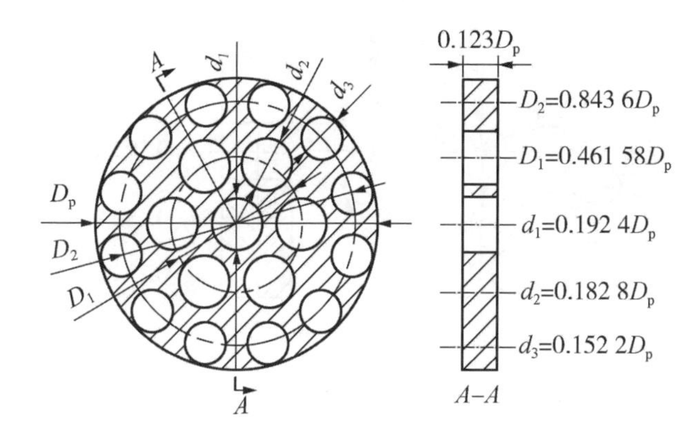

图1－14 Laws流动调整器示例(1∶6∶12)

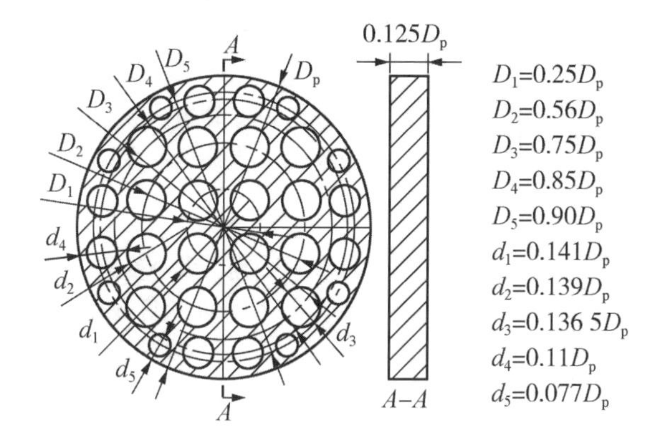

图1－15 Zanker流动调整器示例(4∶8∶4∶8∶8)

3. 组合式流动调整器的结构

常见组合式流动调整器为叶片与孔板组合结构[77](见图1－16)，叶片对不规则流体进行初步整流，满足孔板流动调整器在强不对称流情况下对其所提出的上游直管要求，再加上孔板流动调整器的作用，在短距离内可获得完全轴对称充分发展的流速分布。组合式流动调整器综合利用叶片、孔板流动调整器的性能特点，结构上设计得较为复杂。它主要用于整流要求高的场合，或用作特殊应用环境的特殊设计。如美国Smith(2012)利用十字径向叶片与多孔板组建流动调整器，实现流体无涡流状态[78]。

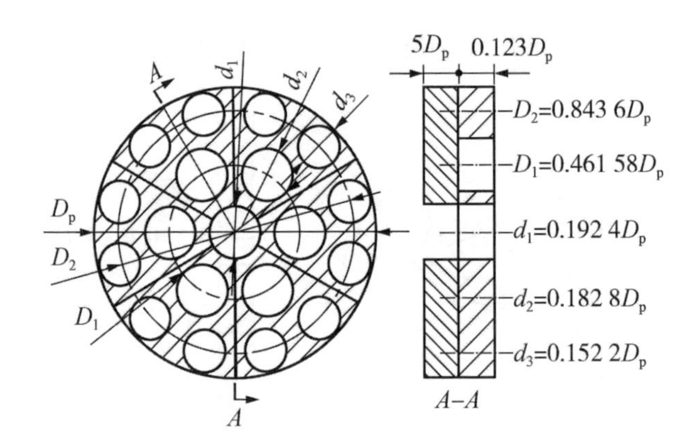

图 1－16　叶片＋孔板组合式流动调整器示例

为便于比较，表 1－1 列出代表性流动调整器比较信息。

表 1－1　国内外代表性流动调整器比较信息表

<table>
<tr><th colspan="2">流动调整器</th><th>结构组成</th><th>性能特点</th><th>应用</th></tr>
<tr><td rowspan="3">叶片式</td><td>栅格式</td><td>等间距横竖分布叶片</td><td>分割区域小，长度较短，拆装麻烦，压损较大。难以产生容许流动状态</td><td rowspan="2">用于整流要求不高、旋转/不对称流强度较低的场合</td></tr>
<tr><td>管束式</td><td>等长、等径或变径圆管构成</td><td>分割区域存在尖角，大小受管径影响。长度较长，拆装麻烦，压损大，难以产生容许流动状态</td></tr>
<tr><td>径向叶片式</td><td>4 片相互中心交错的等长叶片等角度分布</td><td>分割区域大，长度较长，制造简单，压损小。难以产生容许流动状态。近管壁区域叶片稀疏，不利于整流</td><td>用于整流要求不高、旋转/不对称流强度较低的场合，或用作组合式流动调整器前端构件</td></tr>
<tr><td rowspan="2">孔板式</td><td>Laws 结构</td><td rowspan="2">多层孔中心对称结构</td><td rowspan="2">长度短，体积小，重量轻，拆装灵活，加工精度要求高，压损较大。孔径越大，尾流现象越强，能产生容许流动状态。Zanker 结构的性能一般比 Laws 结构的好</td><td rowspan="2">用于整流要求较高、旋转/不对称流强度不高的场合，或用作组合式流动调整器后端构件</td></tr>
<tr><td>Zanker 结构</td></tr>
<tr><td>组合式</td><td>叶片与孔板组合式</td><td>叶片＋孔板组合结构</td><td>综合叶片、孔板流动调整器性能特点，结构设计复杂，制造成本较孔板式高</td><td>用于整流要求高的场合，或用作特殊应用环境的特殊设计</td></tr>
</table>

综上所述：①叶片式流动调整器性能相对一般，发展趋势以制造简单、压损小或用于组合式前端构件为主；孔板式流动调整器性能中等，结构轻便灵活，发展趋势为结构优化性能提升或用于组合式后端构件为主；组合式流动调整器性能较优，结构设计复杂，发展趋势以简化设计过程、优化结构、提升性能为主。②径向叶片式流动调整器最符合叶片式流动调整器发展趋势，但近管壁区域的叶片稀疏结构还有待优化。③Zanker 流动调整器在孔板式流动调整器中性能较突出，对其结构的进一步优化，将有助于发展性能更佳的孔板式调整器结构。④以径向叶片、Zanker 结构分别作为组合式流动调整器前、后端构件原形去探索简化组合式设计方法，对组合式流动调整器的发展具有重要价值。

1.3.2.2 流动调整器性能评价方法发展

流动调整器性能评价方法是衡量调整器结构优劣的重要手段，其准确性与复杂程度直接影响调整器设计过程的长短及设计结果的有效性。

流动调整器性能评价方法可分基于实际试验评价方法、基于模型仿真评价方法。

1. 基于实际试验评价方法[64,80]

基于实际试验评价方法是将待测流动调整器与某型号流量计安装至管道系统进行多次试验，根据流量计测量结果判断调整器性能[79]。具有评价过程贴合实际工况、耗时长、成本高、若待测调整器参数变动则需再测试而不利于前期调整器结构设计的特点。根据国际标准 ISO 5167—1：2003、国家标准 GB/T 2624.1—2006，设一次装置（节流孔、喷嘴等）直径比为 β，使用一次装置、长直管段取得的流出系数（通过装置的实际流量与理论流量之间关系的系数）分别为 C、C_0，管道摩擦系数为 λ，两个高、低雷诺数分别为 Re_l、Re_h，则当流动调整器适用于 $\beta \leqslant 0.67$ 的一次装置时需在 Re_l、Re_h 下满足：①若 $\beta = 0.67$，调整器在良好流动状态、半关阀下游、高漩涡下游均有 $|C - C_0|/C_0 \leqslant 0.23\%$；②若 $\beta = 0.4$，调整器在高漩涡下有 $|C - C_0|/C_0 \leqslant 0.23\%$；③$10^4 \leqslant Re_l < 10^6$，$Re_h \geqslant 10^6$，$\lambda Re_l - \lambda Re_h \geqslant 0.0036$。当流动调整器适用于 $\beta > 0.67$ 的一次装置时，需在 Re_l、Re_h 下满足上述①②③外，还需在 β_{max} 时满足：④$|C - C_0|/C_0 \leqslant (0.63\beta_{max} - 0.192)\%$、$\lambda Re_l - \lambda Re_h \geqslant \dfrac{(0.00241\beta_{max} - 0.000735)}{\beta_{max}^{3.5}}$。因该方法限定了一次装置、待测流动调整器等管件的位置关系，所以过程复杂繁琐，且难以获得调整器下游详细的流场分布规律。

2. 基于模型仿真评价方法

基于模型仿真评价方法通过建立流动调整器模型进行仿真试验，根据其下游流场判断调整器性能[69]。其具有耗时短、成本低、待测调整器参数变动灵活便捷、评价结果最后需通过实物装置进行验证的特点。该方法一般是利用计算流体力学（computational fluid dynamics，CFD）技术对流动调整器模型进行仿真试验[81]，根据调整器下游流速分布判断其性能。常见评价指标包括轮廓系数 K_p、不对称系数 K_a、湍流系数 K_{tu}、旋转角度 φ。其中，K_p 是用以衡量调整器下游流速分布相对于充分发展流速分布的凹（$K_p<1$）或凸（$K_p>1$）情况的指标，要求 $0.8\leqslant K_p\leqslant 1.3$；$K_a$ 是用于衡量以管道中心线为对称轴的流速分布对称程度的指标，要求 $K_a\leqslant 1\%$；K_{tu}是用以衡量流速的波动程度的指标，要求 $K_{tu}\leqslant 2\%$；φ 是用以衡量调整器下局部点处游流速方向偏离程度，要求 $\varphi\leqslant 2°$。若管道半径为 R_p，局部点位置为 r，截面平均流速为 v_{vol}，调整器下游流场管道中心处（$r/R_p=0$）、局部点处流速分别为 v_m、v，充分发展流场中心处（$r/R_p=0$）、局部点处流速为 $v_{s.m}$、v_s，调整器下游流场局部点处流速随时间波动值、时间平均值分别为 v'、$\bar{v}$，局部点处流速水平分量为 w，则[82]：

$$
\begin{cases}
K_p = \dfrac{\dfrac{\int (v_m - v)\cdot \mathrm{d}r}{2\cdot v_{vol}\cdot R_p}}{\dfrac{\int (v_{s.m} - v_s)\cdot \mathrm{d}r}{2\cdot v_{vol}\cdot R_p}} = \dfrac{\int_{-1}^{1}(v_m - v)\cdot d\left(\dfrac{r}{R_p}\right)}{\int_{-1}^{1}(v_{s.m} - v_s)\cdot \mathrm{d}\left(\dfrac{r}{R_p}\right)} \\[2ex]
K_a = \dfrac{\int_{-1}^{1}\left(\dfrac{r}{R_p}\right)\cdot v\cdot \mathrm{d}\left(\dfrac{r}{R_p}\right)}{2\cdot \int_{-1}^{1} v\cdot \mathrm{d}\left(\dfrac{r}{R_p}\right)} \\[2ex]
K_{tu} = \dfrac{Tu_{max}\Big|_{\frac{r}{R_p}=-0.2}^{\frac{r}{R_p}=0.2}}{Tu_s};Tu = \dfrac{\sqrt{\overline{v'^2}}}{\bar{v}};Tu_s = 0.13\cdot\left(Re\cdot\dfrac{v_{s.m}}{v_{vol}}\right) \\[2ex]
\varphi = \arctan\left(\dfrac{w}{v_{vol}}\right)
\end{cases}
$$

该方法根据调整器下游仿真流场试验情况以评估调整器性能，指标参数因评价理论不同而有异，总体成本低，可灵活变动调整器参数、管道系统参数、工况运行参数以进行多次试验，可便捷获得调整器下游详细的流场分布规律以反馈优化调整器结构，在流动调整器性能评价中广泛应用。如意大利卡西诺研究大学Frattolillo等(2002)基于CFD技术研究了径向叶片式、管束式、Laws流动调整器在双扭弯管下游时的性能，发现：径向叶片式下游流场平整度、对称性不高；管束式对轴向流速干扰较大；Laws流动调整器整流效果较好，但该方法参数较多，计算量较大，有待进一步简化[83]。华南理工大学刘桂雄、黄侨蔚(2012)根据调整器下游不同截面处流速发展程度的差异对孔板式、栅格式流动调整器性能进行对比分析，发现孔板式比栅格式提前$0.6D_p$达到流速稳定，但该方法需计算较多截面流速分布值，计算量较大，且流速分布规律在其中体现得不够明显[84]。

综上所述：①基于实际试验评价方法贴合实际工况，但耗时长、成本高，待测调整器参数变动需再测试，不利于前期调整器结构设计；基于模型仿真评价方法有耗时短、成本低，待测调整器参数变动灵活便捷的特点，是当前调整器性能评价的主流方法。②现有基于模型仿真评价方法需涉及的参数较多，计算量较大，各参数着眼点各不相同，有待进一步简化。

基于以上对超声流量计声道的设计方法、流动调整器对流场影响研究的国内外研究进展分析，可得到以下结论：①增长声道技术是单声道结构发展的重要方向之一，反射提高声道长度是普遍方法。其中，立体空间管壁反射式声道结构具有无阻流部件、压损小特点，声道长度变化灵活，对不同发展水平流场的适应力较好，但现有该类形声道投影为中心对称形，其在声道覆盖方面的结构优化有待提高。②交叉式多声道结构的多声道数目可较多、性能较好，存在较大声道设计空间，但权重系数还缺乏较统一的确定方法，研究交叉式多声道设计理论及其权重系数确定的一般方法有助于突破交叉式多声道的应用瓶颈。③径向叶片式调整器(Etoile调整器)最符合叶片式流动调整器发展趋势，但近管壁区域叶片稀疏结构还有待优化；Zanker流动调整器在孔板式流动调整器中性能较突出，对其结构进一步优化有助于寻求更佳孔板式调整器结构；以Etoile、Zanker结构分别作组合式流动调整器前、后端构件原形以探索简化组合式设计方法，对组合式流动调整器发展具有重要价值。④基于模型仿真的流动调整器评价方法有着耗时短、成本低、待测调整器参数变动灵活便捷的特点，是当前调整器性能评价的主流方法，但现有的基于模型仿真评价方法需涉及的参数较多，计算量较大，各参数着眼点各不相同，有待进一步简化。

1.4 研究框架

本书以“超声流量计声道设计与调整器流场优化方法”为题，从影响时差式超声流量计准确度因素入手，重点研究时差式超声流量计立体单声道设计方法、时差式超声流量计立体多声道设计方法、基于 CFD 的流动调整器评价方法及流场优化策略，并对所得到的流场优化策略于水流量标准装置系统中的应用展开了探讨，具体框架如如图 1－17 所示。

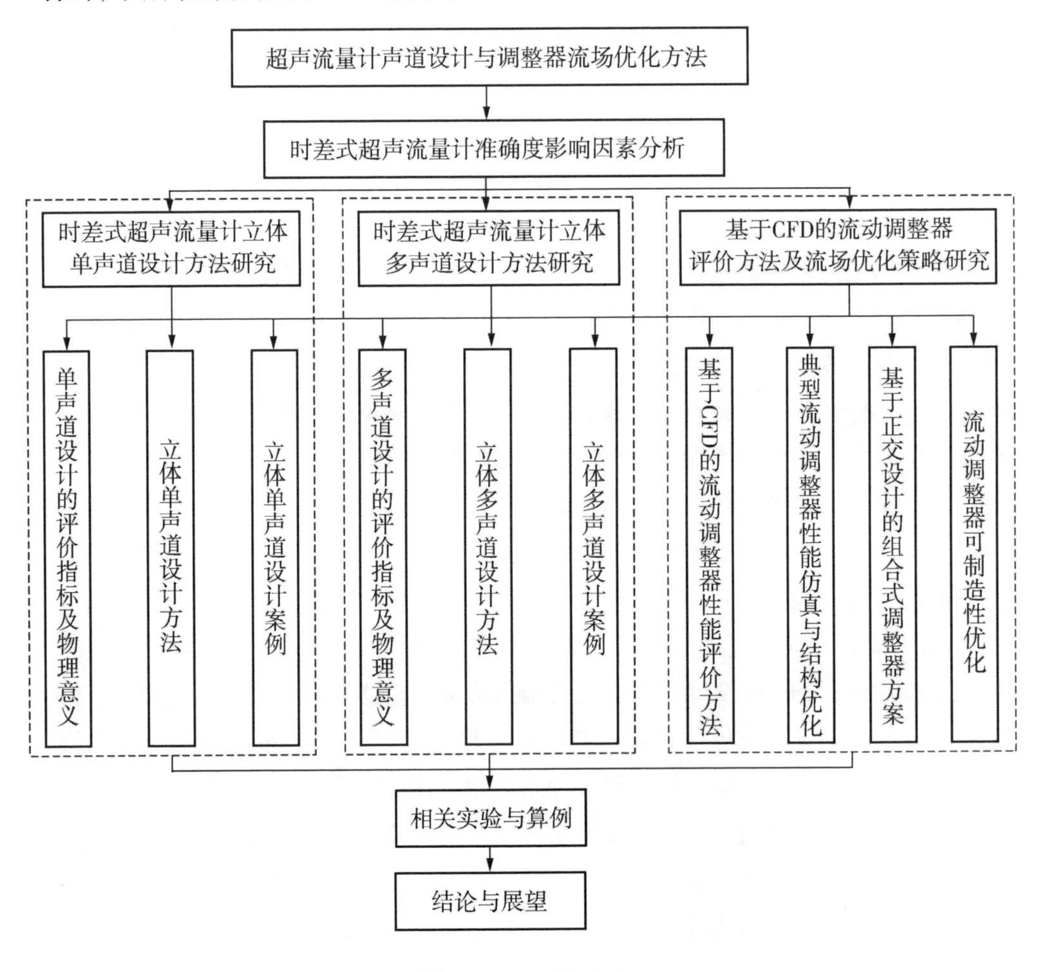

图 1－17　内容框架

第一章为绪论。阐述课题提出的背景和研究意义，讨论影响时差式超声流量计准确度的主要因素，分析目前国内外超声流量计声道结构、流动调整器对流场影响的研究进展，提出研究的主要内容。

第二章为时差式超声流量计立体单声道设计方法研究。阐述立体单声道设计的评价指标及物理意义，研究立体单声道拓扑结构设计方法，包括单声道平面模型建模与求解、立体单声道拓扑结构的设计与优化等，推演立体单声道设计例。

第三章为时差式超声流量计立体多声道设计方法研究。阐述立体多声道设计的评价指标及物理意义，研究立体多声道拓扑结构的设计方法，包括多声道平面模型的建模与求解、立体多声道拓扑结构的设计与优化等，推演立体多声道设计例。

第四章为基于CFD的流动调整器评价方法及流场优化策略研究。通过具有流动调整器流场特性的CFD建模，探索基于CFD的流动调整器性能评价方法，对典型流动调整器(Etoile、Zanker流动调整器)性能仿真与结构优化，提出基于正交设计的组合式流动调整器方案，探索流动调整器可制造性的优化方法。

第五章为超声流量计声道设计与调整器流场优化方法的性能验证与应用分析。实验分析、检验时差式超声流量计立体单声道、多声道设计方法的实现与性能效果，在水流量标准装置中应用本书提出的流场优化策略，验证理论、技术的有效性。

最后给出研究结论，并对超声流量计声道的设计与调整器流场的优化进行展望。

第2章　时差式超声流量计立体单声道设计方法

2.1　引言

本书于第一章绪论中已经指出时差式超声流量计是制造工业过程控制等领域的重要装备之一，其中，单声道时差式超声流量计是中小管径管道系统流量测量的主要传感装置。为提高传感装置的时间差大小、对不规则流场适应力等方面性能，单声道结构设计是重要方法，声道结构发展则以考虑足够流场变化适应力下的长度增长为主要方向。立体空间管壁反射式声道结构具有无阻流部件、压损小、声道长度变化灵活、对不同发展水平流场适应力强等特点，是符合单声道结构发展趋势的重要声道模型。目前立体空间管壁反射式声道结构声道的投影多为中心对称形，在声道覆盖方面的结构性能有待优化，综合考虑制造工艺与成本因素，提升声道的流场适应力、探索立体声道设计理论与方法，就显得尤其具有重要理论价值与实际意义。

本章将围绕时差式超声流量计单声道，分析单声道性能评价指标及物理意义，研究立体单声道拓扑结构设计方法，重点探索单声道平面模型的建模与求解、立体单声道拓扑结构的设计与优化，并在分别考虑覆盖率优先、结构工艺优先的情况下开展立体单声道设计例推演，验证立体单声道设计理论的有效性、可行性、先进性。

2.2　单声道性能评价指标及物理意义

单声道性能的评价指标有很多，主要包括流量测量平均相对误差 $\bar{\varepsilon}$ 及标准误差 σ、声道覆盖率 ζ，下面对相关定义及物理意义进行详细论述。

2.2.1　流量测量平均相对误差及标准误差

（1）流量测量平均相对误差 $\bar{\varepsilon}$：声道在相同管道系统与运行工况下多次测量结果的相对误差的平均值。若测量次数为 N_m，第 i 次测量相对误差为 ε_i，则 $\bar{\varepsilon}$ 为：

$$\bar{\varepsilon} = \frac{\varepsilon_1 + \varepsilon_2 + \cdots + \varepsilon_{N_m}}{N_m} = \frac{\sum_{i=1}^{N_m} \varepsilon_i}{N_m} \tag{2-1}$$

$\bar{\varepsilon}$ 是衡量声道在相同管道系统与运行工况下多次测量结果的准确程度的重要指标，$\bar{\varepsilon}$ 越小，表示测量准确度越高。

（2）流量测量标准误差 σ：声道在相同管道系统与运行工况下多次测量结果的相对误差的标准差：

$$\sigma = \sqrt{\frac{\varepsilon_1^2 + \varepsilon_2^2 + \cdots + \varepsilon_{N_m}^2}{N_m}} = \sqrt{\frac{\sum_{i=1}^{N_m} \varepsilon_i^2}{N_m}} \tag{2-2}$$

σ 是反映声道在相同管道系统与运行工况下多次测量结果的稳定程度，σ 越小，表示测量结果越稳定。

$\bar{\varepsilon}$、σ 通过测量结果相对误差以评价声道性能，其综合物理意义表现为声道对不规则流场适应力的强弱。

2.2.2　声道覆盖率

声道覆盖率 ζ 为声道在管道横截面投影净面积 S 与半圆截面积之比，即 $\zeta = \frac{8S}{\pi D_p^2}$。它是衡量声道获取流场信息能力的重要指标，$\zeta$ 越大，声道覆盖区域越广，声道内流体的平均流速越接近真实值。增大声道覆盖率，有助于增强声道对不规则流场的适应力。

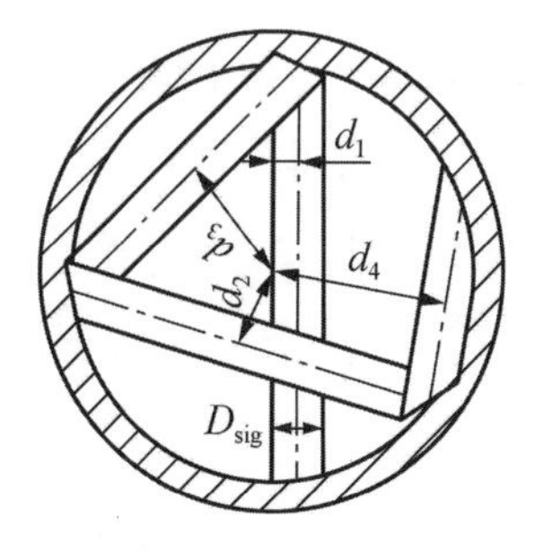

图 2-1　声道在管道横截面处的投影示例图

图 2-1 所示为声道在管道横截面处的投影示例。各声道段中心线与管道截面中心距离从近至远，依次编号为 d_1、d_2、d_3、d_4，若圆管内充分发展流场呈中心对称，则可将各声道段旋转至相互平行状态。忽略反射板影响，旋转后的各声

道段存在如图 2－2 所示的重叠覆盖、完全覆盖、不完全覆盖三种可能，其在管道横截面处的投影的净面积分别为 S_o、S_c、S_u。设声道宽为 D_{sig}，声道段数为 N_p，各声道段中心线与管道截面中心距离为 d_i，其中 $d_i < d_{i+1}$，则不同覆盖模式对应着不同的满足条件、覆盖面积和覆盖率。

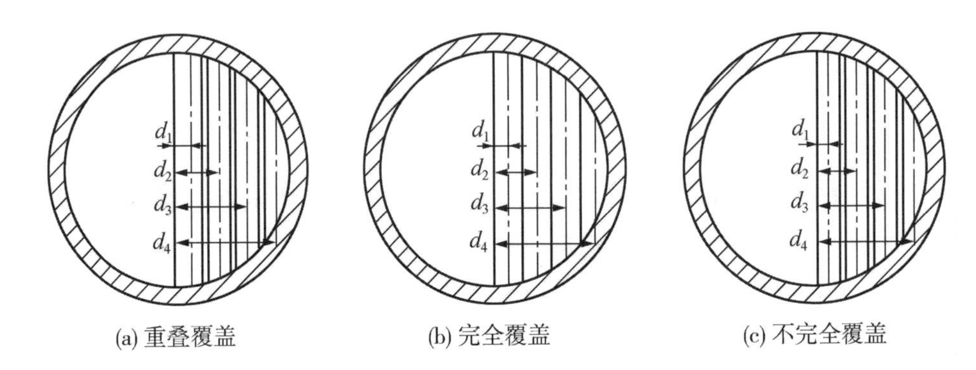

图 2－2　声道段投影覆盖类型

（1）当 $d_{i+1} - d_i < D_{sig}$ 时，即重叠覆盖模式，覆盖面积 S_o 为：

$$S_o = \sum_{i=1}^{N_p} 2D_{sig}\sqrt{\frac{D_p^2}{4 - d_i^2}} - \sum_{i=1}^{N_p-1} 2(D_{sig} - d_{i+1} + d_i)\sqrt{\frac{D_p^2}{4} - \frac{(d_{i+1} + d_i)^2}{4}}$$

$$\Rightarrow S_o = 2D_{sig}\sum_{i=1}^{N_p}\sqrt{\frac{D_p^2}{4 - d_i^2}} - \sum_{i=1}^{N_p-1}(D_{sig} - d_{i+1} + d_i)\sqrt{D_p^2 - (d_{i+1} + d_i)^2} \quad (2-3)$$

由覆盖率定义 $\zeta = \frac{8S}{\pi D_p^2}$，可得：

$$\zeta_o = \frac{\left[16D_{sig}\sum_{i=1}^{N_p}\sqrt{\frac{D_p^2}{4 - d_i^2}} - 8\sum_{i=1}^{N_p-1}(D_{sig} - d_{i+1} + d_i)\sqrt{D_p^2 - (d_{i+1} + d_i)^2}\right]}{\pi D_p^2} \quad (2-4)$$

可以看出，对于重叠覆盖模式，d_i 减小，覆盖面积 S_o 就减小，覆盖率也减小。由式(2－4)可得，当 $D_p = 50$ mm、$D_{sig} = 6$ mm、$N_p = 3$、$d_1 = 3$ mm、$d_2 = 8.12$ mm、$d_3 = 22$ mm 时，$\zeta_o \approx 0.69$。

（2）当 $d_{i+1} - d_i = D_{sig}$ 时，即完全覆盖模式，覆盖面积 S_c 为：

$$S_c \approx 2D_{sig}\sqrt{\frac{D_p^2}{4 - d_1^2}} + \cdots + 2D_{sig}\sqrt{\frac{D_p^2}{4 - d_{N_p}^2}} = 2\sum_{i=1}^{N_p} D_{sig}\sqrt{\frac{D_p^2}{4 - d_i^2}} \quad (2-5)$$

由覆盖率定义 $\zeta = \frac{8S}{\pi D_p^2}$，可得：

$$\zeta_{c} = \frac{16D_{sig}\sum_{i=1}^{N_p}\sqrt{\frac{D_p^2}{4} - d_i^2}}{\pi D_p^2} \tag{2-6}$$

可以看出，对于完全覆盖模式，d_i 减小，覆盖面积 S_c 就增大，覆盖率也增大。由式(2－6)可得，当 $D_p = 50$ mm、$D_{sig} = 6$ mm、$N_p = 3$、$d_1 = 3$ mm、$d_2 = 9$ mm、$d_3 = 22$ mm 时，$\zeta_c \approx 0.73$。

(3)当 $d_{i+1} - d_i > D_{sig}$ 时，即不完全覆盖模式，覆盖面积 S_u 为：

$$S_u \approx 2D_{sig}\sqrt{\frac{D_p^2}{4} - d_1^2} + \cdots + 2D_{sig}\sqrt{\frac{D_p^2}{4} - d_{N_p}^2} = 2\sum_{i=1}^{N_p} D_{sig}\sqrt{\frac{D_p^2}{4} - d_i^2} \tag{2-7}$$

由覆盖率定义 $\zeta = \frac{8S}{\pi D_p^2}$，可得：

$$\zeta_{u} = \frac{16D_{sig}\sum_{i=1}^{N_p}\sqrt{\frac{D_p^2}{4} - d_i^2}}{\pi D_p^2} \tag{2-8}$$

可以看出，对于不完全覆盖模式，d_i 减小，覆盖面积 S_u 就增大，覆盖率也增大。由式(2－8)可得，当 $D_p = 50$ mm、$D_{sig} = 6$ mm、$N_p = 3$、$d_1 = 3$ mm、$d_2 = 12.5$ mm、$d_3 = 22$ mm 时，$\zeta_u \approx 0.71$。

2.3　立体单声道拓扑结构设计方法

立体单声道拓扑结构设计可以典型圆形管道内立体空间管壁反射式声道结构为样本研究对象，由于立体单声道对流场的覆盖程度可通过其在管道横截面的投影(单声道平面模型)进行衡量，因而，在对单声道的平面模型进行建模与求解过程中，可先根据给定的相关参数探索平面模型建模与求解方法，从二维层面解决声道覆盖率问题；然后再在声道平面模型基础上，对单声道立体拓扑结构进行设计，从三维层面解决声道空间拓扑问题。因此，立体单声道拓扑结构设计主要包括单声道平面模型(声道在管道横截面的投影)的建模与求解、单声道立体拓扑结构的设计两个主要步骤。可以看出，设计强调声道覆盖率 ζ 这一主要指标。

2.3.1　单声道平面模型的建模与求解

如图2－3所示为单声道平面模型建模与求解的流程图，根据给定的管径

D_p、声道宽 D_{sig}、期望覆盖率 ζ(技术指标)等相关参数进行平面模型设计，其主要建模过程包括：①声道覆盖模式的选择；②最少声道段数的计算；③各声道段与管道中心之间距离的求解及最终覆盖率的确定；④平面模型相邻声道段夹角的计算等内容。

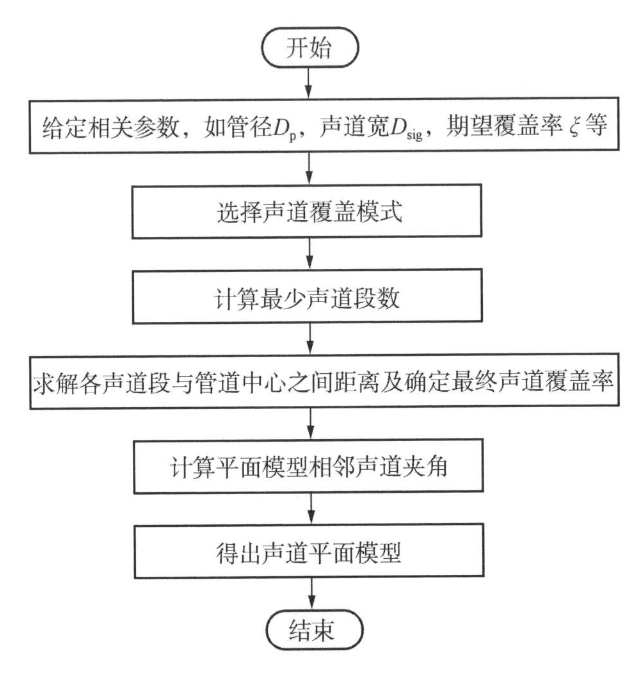

图 2-3　单声道平面模型建模与求解流程图

2.3.1.1　声道覆盖模式的选择

声道覆盖模式包括重叠覆盖、完全覆盖、不完全覆盖三种，覆盖模式的选择直接决定着最终的声道平面模型形式，是关系到所设计声道的性能的重要步骤，对其的选择需依据期望覆盖率的高低、测量流场的实际需求等因素进行。

其中：①重叠覆盖适用于期望覆盖率较高、对特定区域(特别是靠近管道中心区域)的测量有重点要求的场合；②完全覆盖适用于期望覆盖率较高、要求声道尽可能广地覆盖流体的场合；③不完全覆盖适用于期望覆盖率较低、要求声道分散多区域覆盖流体的场合。

2.3.1.2　最少声道段数的计算

选择好声道覆盖模式后，需根据给定的相关参数及不同覆盖模式特点进行最少声道段数的计算，其原则为：不管选择何种声道覆盖模式进行声道设计，最终设计得到的声道覆盖率均需大于期望覆盖率值。

(1)对于重叠覆盖模式，由式(2-4)得：

$$\zeta_o = \frac{16D_{sig}\sum_{i=1}^{N_p}\sqrt{\frac{D_p^2}{4-d_i^2}} - 8\sum_{i=1}^{N_p-1}(D_{sig}-d_{i+1}+d_i)\sqrt{D_p^2-(d_{i+1}+d_i)^2}}{\pi D_p^2}$$

因为

$$d_{i+1}-d_i < D_{sig}, \sqrt{D_p^2-(d_{i+1}+d_i)^2} > 0 \Rightarrow (D_{sig}-d_{i+1}+d_i)\sqrt{D_p^2-(d_{i+1}+d_i)^2} > 0$$

故

$$\zeta_o < \frac{16D_{sig}\sum_{i=1}^{N_p}\sqrt{\frac{D_p^2}{4-d_i^2}}}{\pi D_p^2}$$

令

$$d_i = \frac{D_p}{2}\cdot\sin\alpha_i\left(0<\alpha_i<\frac{\pi}{2}\right)$$

则

$$\zeta_o < \frac{16D_{sig}\sum_{i=1}^{N_p}\sqrt{\frac{D_p^2}{4-d_i^2}}}{\pi D_p^2} = \frac{8D_{sig}\sum_{i=1}^{N_p}\cos\alpha_i}{\pi D_p}$$

又因为

$$\sum_{i=1}^{N_p}\cos\alpha_i < N_p \Rightarrow \zeta_o < \frac{8D_{sig}\sum_{i=1}^{N_p}\cos\alpha_i}{\pi\cdot D_p} < \frac{8D_{sig}N_p}{\pi D_p}$$

由

$$\zeta_o > \zeta \Rightarrow \frac{8D_{sig}N_p}{\pi D_p} > \zeta$$

$$\Rightarrow N_p > \frac{\zeta\pi D_p}{8D_{sig}} \tag{2-9}$$

综上，式(2-9)为重叠覆盖模式下最小声道段数目的计算公式。

(2)对于完全覆盖模式，由式(2-6)得：

$$\zeta_c = \frac{16D_{sig}\sum_{i=1}^{N_p}\sqrt{\frac{D_p^2}{4-d_i^2}}}{\pi D_p^2} < \frac{8D_{sig}N_p}{\pi D_p}$$

由

$$\zeta_c > \zeta \Rightarrow \frac{8D_{sig}N_p}{\pi D_p} > \zeta$$

$$\Rightarrow N_p > \frac{\zeta\pi D_p}{8D_{sig}} \tag{2-10}$$

综上，式(2－10)为完全覆盖模式下最小声道段数目的计算公式。

(3)对于不完全覆盖模式，由式(2－8)得：

$$\zeta_u = \frac{16D_{sig}\sum_{i=1}^{N_p}\sqrt{\frac{D_p^2}{4-d_i^2}}}{\pi D_p^2}$$

由

$$\zeta_u > \zeta \Rightarrow \frac{8D_{sig}N_p}{\pi D_p} > \zeta$$

$$\Rightarrow N_p > \frac{\zeta \pi D_p}{8D_{sig}} \tag{2-11}$$

综上，式(2－11)为不完全覆盖模式下最小声道段数目的计算公式。

由式(2－9)～式(2－11)可以看出，不同覆盖模式下 N_p 具有相同形式的约束条件。利用取整运算符“[ ]”对 N_p 进行整数化处理得：

$$N_p \geqslant \left[\frac{\zeta \pi D_p}{8D_{sig}}\right] + 1 \tag{2-12}$$

式(2－12)便是通用的最小声道段数目的计算公式。

式(2－12)表明，给定管径 D_p、声道宽 D_{sig}、期望覆盖率 ζ（技术指标）后，就可确定最小声道段数，并作为声道设计中 N_p 初始值，但 N_p 具体值可能还会产生轻微变化，需结合实际确定。

例如：当 $D_p = 50$ mm、$D_{sig} = 6$ mm、$\zeta = 0.7$ 时，则 $N_p \geqslant 3$。其所表示的两层意思是：①管径 $D_p = 50$ mm、声道宽 $D_{sig} = 6$ mm、期望覆盖率 $\zeta = 0.7$ 时，需要有3段及以上的声道段构成立体声道；②当管径 $D_p = 50$ mm、声道宽 $D_{sig} = 6$ mm 时，若3段及以上的声道段构成立体声道，覆盖率将可以达到0.7及以上。

2.3.1.3 各声道段与管道中心之间距离的求解及最终覆盖率的确定

各声道段与管道中心之间的距离 d_i 可按照一定分布规律(如等差、等比等)进行确定。其中：①等差分布计算较简单，声道段布置得较均匀，但 N_p、$\frac{D_{sig}}{D_p}$ 较小时难以产生重叠或完全覆盖模式，较适用于层流流体模型；②等比分布计算较复杂，声道段布置将呈现中间密边缘疏状态，符合流速为“中心高边缘低”模式的流体的要求，较适用于湍流流体模型。

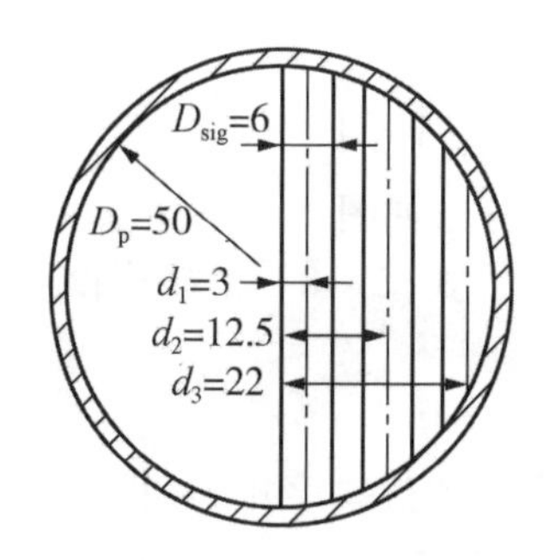

图 2-4　d_i 等差规律分布示例(单位：mm)

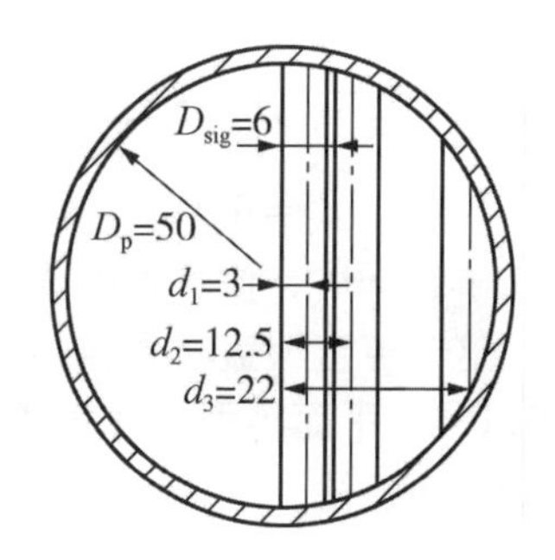

图 2-5　d_i 等比规律分布示例(单位：mm)

1. d_i 以等差规律分布

设等差 Δd，$d_1=\frac{D_{sig}}{2}$，$d_i=d_1+(i-1)\Delta d$，$i=1,2,\cdots,N_p$，则 $d_{Np}=\frac{D_{sig}}{2}+(N_p-1)\Delta d$，因声道布置于管道内部，即 $d_{Np}\leqslant\frac{D_p-D_{sig}}{2}$，故有：

$$\frac{D_{sig}}{2}+(N_p-1)\Delta d\leqslant\frac{D_p-D_{sig}}{2}$$

可推得 $\Delta d\leqslant\frac{\frac{D_p}{2}-D_{sig}}{N_p-1}$。

令 $\Delta d\equiv\frac{\frac{D_p}{2}-D_{sig}}{N_p-1}$，可得：

$$d_i=\frac{D_{sig}}{2}+\frac{\left(\frac{D_p}{2}-D_{sig}\right)(i-1)}{N_p-1}\qquad(i=1,2,\cdots,N_p)\tag{2-13}$$

2. d_i 以等比规律分布

设等比 Δq，$d_1=\frac{D_{sig}}{2}$，$d_i=d_1\cdot\Delta q^{i-1}$，$i=1,2,\cdots,N_p$，则 $d_{Np}=\frac{D_{sig}\Delta q^{N_p-1}}{2}$，因声道段布置于管道内部，即 $d_{Np}\leqslant\frac{D_p-D_{sig}}{2}$，故有：

$$\frac{D_{sig}\Delta q^{N_p-1}}{2}\leqslant\frac{D_p-D_{sig}}{2}\Rightarrow\Delta q\leqslant\left(\frac{D_p}{D_{sig}}-1\right)^{\frac{1}{N_p-1}}$$

令 $\Delta q\equiv\left(\frac{D_p}{D_{sig}-1}\right)^{\frac{1}{N_p-1}}$，可得：

$$d_i=\frac{D_{sig}\cdot\left(\frac{D_p}{D_{sig}}-1\right)^{\frac{i-1}{N_p-1}}}{2}\qquad(i=1,2,\cdots,N_p)\tag{2-14}$$

例如，$N_p=3$、$D_p=50\ \text{mm}$、$D_{sig}=6\ \text{mm}$ 时，$d_i=3\cdot\left(\frac{22}{3}\right)^{\frac{i-1}{2}}$，$i=1$，2，3，可推得 $d_1=3\ \text{mm}$、$d_2\approx8.12\ \text{mm}$、$d_3=22\ \text{mm}$，声道段分布如图 2-5 所示。

d_i 求解出来后，便可根据式(2-4)、式(2-6)、式(2-8)，计算检验声道覆盖率，这时声道覆盖率为实际得到的覆盖率。

2.3.1.4 平面模型相邻声道段夹角的计算

得到各声道段与管道中心距离 d_i 后，再对各声道连接次序排列(即将声道段从相互平行状态还原至旋转前的状态)，而相邻声道段是指在旋转前相互连接的两段声道。若在节点 P'_k 处声道段 i、j 相邻，其可能分布在同侧(在同一半圆内)或异侧(不在同一半圆内)，如图 2-6 所示，分布在同侧、异侧的相邻声道段的夹角计算方式有所不同。

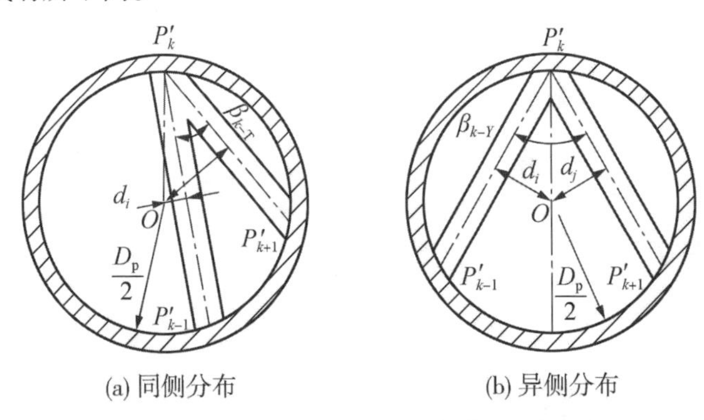

图 2-6 平面模型相邻声道段分布方式

1. 平面模型相邻声道段同侧分布

夹角为 $\beta_{k-\text{T}}$，$i<j$，由几何关系知 $\beta_{k-\text{T}}=\angle OP'_kP'_{k+1}-\angle OP'_kP'_{k-1}$，又因 $\angle OP'_kP'_{k+1}=\arcsin\frac{2d_j}{D_p}$、$\angle OP'_kP'_{k-1}=\arcsin\frac{2d_i}{D_p}$，故有：

$$\beta_{k\text{-T}}=\arcsin\frac{2d_j}{D_p}-\arcsin\frac{2d_i}{D_p} \tag{2-15}$$

式(2-15)为平面模型相邻声道段同侧分布下夹角计算公式。例如：当 $D_p=50\ \text{mm}$、$d_1=3\ \text{mm}$、$d_2=12.5\ \text{mm}$ 时，$\beta_{k-\text{T}}\approx23.1°$。

2. 平面模型相邻声道段异侧分布

夹角为 β_{k-Y}，$i<j$，由几何关系知 $\beta_{k-Y}=\angle OP'_kP'_{k+1}+\angle OP'_kP'_{k-1}$，又因 $\angle OP'_kP'_{k+1}=\arcsin\frac{2d_j}{D_p}$、$\angle OP'_kP'_{k-1}=\arcsin\frac{2d_i}{D_p}$，故有：

$$\beta_{k\text{-}Y}=\arcsin\frac{2d_i}{D_p}+\arcsin\frac{2d_j}{D_p} \tag{2-16}$$

式(2－16)即为平面模型相邻声道段异侧分布下夹角的计算公式。例如：当 D_p = 50 mm、d_1 = 3 mm、d_2 = 12.5 mm 时，$\beta_{k-Y} \approx 36.9°$。

单声道平面模型的建模与求解过程为：根据给定的相关参数探索平面模型建模与求解方法，于二维层面解决声道覆盖率问题，在完成对相邻声道段夹角的计算后，单声道平面模型设计完成。最后得到的平面模型一般不唯一，且与各声道连接次序及排列方式相关，这些模型可为后续立体单声道拓扑结构设计提供多种方案。

2.3.2　立体单声道拓扑结构设计

通过对单声道平面模型的建模与求解可得到多个声道平面模型，而立体单声道拓扑结构设计可将二维平面模型设计成三维立体声道。图 2－7 所示为立体单声道拓扑结构设计流程图，主要包括立体声道坐标系的建立、技术指标覆盖率优

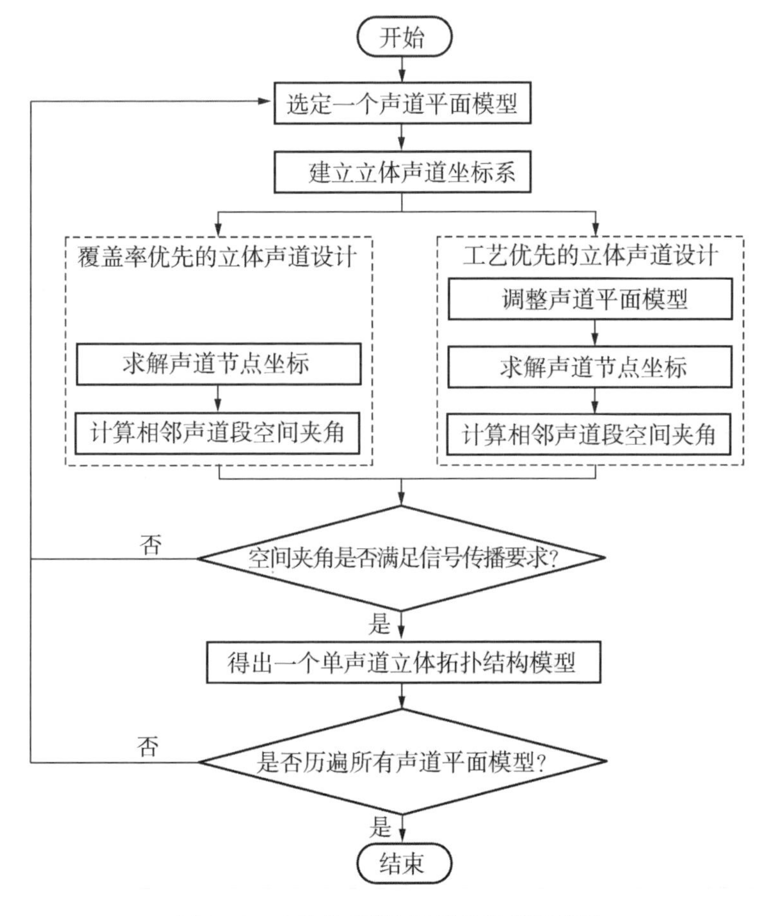

图 2－7　立体单声道拓扑结构设计流程图

先的立体声道设计、工艺优先的立体声道设计、相邻声道段空间夹角的检验等方面内容。其中，覆盖率优先的立体声道设计以保证技术指标覆盖率为前提，不需对声道的平面模型进行调整；工艺优先的立体声道设计需先调整声道平面模型以满足工艺要求，则覆盖率会产生轻微变化。

2.3.2.1　立体单声道坐标系的建立

如图2－8所示为立体单声道坐标系，以管道中心线为 z 轴，顺着流体的方向为 z 轴正方向，流体入口圆截面所在平面为 xy 面，圆截面中心为原点，以柱坐标表示各声道节点位置。若管径为 D_p，声道段数为 N_p，节点 P_i 的相角为 $\varphi_i(0\leqslant\varphi_i\leqslant 2\pi)$，则节点 P_i 坐标可表示为 $P_i\left(\frac{D_p}{2}, \varphi_i, z_i\right)$，$1\leqslant i\leqslant N_p$。其中 P_1 位于 x 轴上，节点 P_i 处对应的相邻声道段空间夹角为 γ_i，$2\leqslant i\leqslant N_p-1$。立体单声道的拓扑结构设计的主要任务是确定所有 $P_i\left(\frac{D_p}{2}, \varphi_i, z_i\right)$的坐标值。

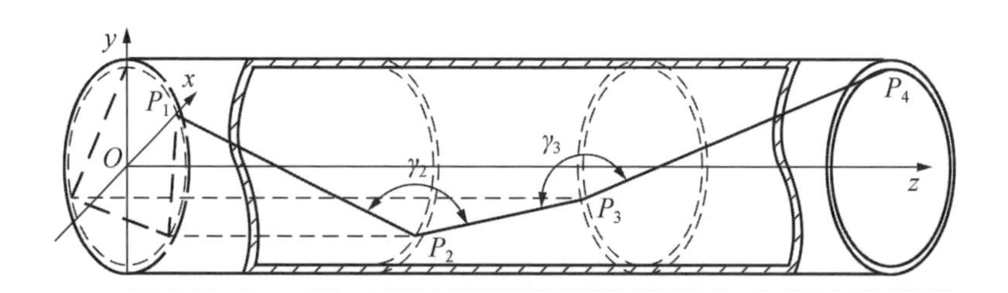

图2－8　立体单声道坐标系

2.3.2.2　技术指标覆盖率优先的立体声道设计

技术指标覆盖率优先的立体声道的设计以保证声道覆盖率为前提，直接在已有声道平面模型基础上展开，主要包括声道节点坐标的求解、相邻声道段空间夹角 γ_i 的计算。

1. 声道节点坐标的求解

$P_i\left(\frac{D_p}{2}, \varphi_i, z_i\right)$ 包含 $\frac{D_p}{2}$、φ_i、z_i 三个坐标值，其中 $\frac{D_p}{2}$ 可由管径计算得知，φ_i 可通过声道平面模型求解，z_i 可采用一定分布规律计算得到。

(1)φ_i 角坐标计算：φ_i 为节点 P_i 的相角（P_1 绕原点 O 逆时针旋转至 P_i 所扫过的角度）。在计算出 φ_1、φ_2 后，$\varphi_i(3\leqslant i\leqslant N_p+1)$ 可通过 φ_{i-1}、φ_{i-2}、β_{i-1}（β_i 为平面模型相邻声道段夹角，在2.3.1节已求解）进行计算，计算过程与节点 $P_{i-2}\to P_{i-1}\to P_i$ 呈现的方向（顺/逆时针）有关。

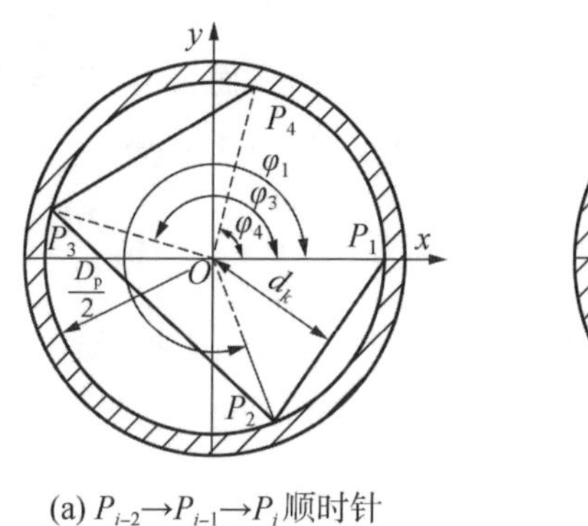

(a) $P_{i-2}\to P_{i-1}\to P_i$ 顺时针

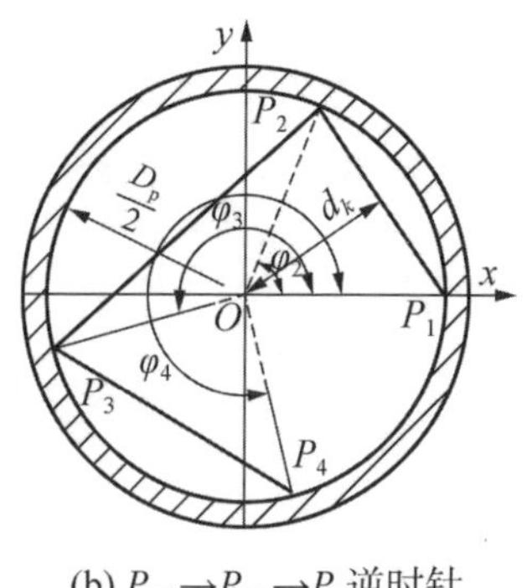

(b) $P_{i-2}\to P_{i-1}\to P_i$ 逆时针

图 2－9　φ_i 角计算示例图

①φ_1、φ_2 角计算：如图 2－9 所示为 φ_i 角计算示例图，由节点 P_1 位于 x 轴上，得 $\varphi_1=0$。若声道段 P_1P_2 与原点 O 距离为 d_k，节点 P_i 绕 O 点逆时针旋转至节点 P_{i+1}，所扫过角度为 $\angle P_iOP_{i+1}$，则若 P_2 在 x 轴上方，$\varphi_2=\angle P_1OP_2=2\arccos\frac{2d_k}{D_p}$；若 P_2 在 x 轴下方，$\varphi_2=\angle P_1OP_2=2\pi-2\arccos\frac{2d_k}{D_p}$。

②φ_i、$(3\leqslant i\leqslant N_p+1)$ 角计算：当 $P_{i-2}\to P_{i-1}\to P_i$ 呈顺时针(见图 2－9a)，因为 $\varphi_3=\angle P_1OP_3$，且圆心角等于对应圆周角两倍，得 $\angle P_1OP_3=2\angle P_1P_2P_3$，又因为 $\angle P_1P_2P_3=\beta_2$，可推得 $\varphi_3=2\beta_2$；因为 $\varphi_4=\angle P_1OP_4=\angle P_2OP_4-\angle P_2OP_1$，而 $\angle P_2OP_4=2\angle P_2P_3P_4=2\beta_3$、$\angle P_2OP_1=2\pi-\varphi_2$，可推得 $\varphi_4=2\beta_3-(2\pi-\varphi_2)=2\beta_3+\varphi_2-2\pi$；将 $\varphi_1\sim\varphi_4$ 列举如下：$\varphi_1=0$；$\varphi_2=2\arccos\frac{2d_k}{D_p}$（$P_2$ 在 x 轴上方）或 $\varphi_2=2\pi-2\arccos\frac{2d_k}{D_p}$（$P_2$ 在 x 轴下方）；$\varphi_3=2\beta_2+\varphi_1$；$\varphi_4=2\beta_3+\varphi_2-2\pi$，由此可类推得到：

$$\varphi_i=\begin{cases}0 & \text{当 } i=1\\ \left.\begin{array}{l}2\arccos\dfrac{2d_k}{D_p},(\text{if } P_2 \text{ above } x-\text{axis})\\ 2\pi-2\arccos\dfrac{2d_k}{D_p},(\text{if } P_2 \text{ below } x-\text{axis})\end{array}\right\} & \text{当 } i=2\\ \left.\begin{array}{l}2\beta_{i-1}+\varphi_{i-2},(\text{if } 2\beta_{i-1}+\varphi_{i-2}<2\pi)\\ 2\beta_{i-1}+\varphi_{i-2}-2\pi,(\text{if } 2\beta_{i-1}+\varphi_{i-2}\geqslant 2\pi)\end{array}\right\} & \text{当 } 3\leqslant i\leqslant N_p+1\end{cases}\tag{2-17}$$

当 $P_{i-2}\to P_{i-1}\to P_i$ 呈逆时针(见图 2－9b)，因为 $\varphi_3=\angle P_1OP_3=2\pi-$

$\angle P_3OP_1$，且圆心角等于对应圆周角的两倍，得$\angle P_3OP_1=2\angle P_1P_2P_3=2\beta_2$，可推得$\varphi_3=2\pi-2\beta_2$；因为$\varphi_4=\angle P_1OP_4=2\pi-\angle P_4OP_1$，而$\angle P_4OP_1=\angle P_4OP_2-\varphi_2=2\beta_3-\varphi_2$，可推得$\varphi_4=2\pi-(2\beta_3-\varphi_2)=-2\beta_3+\varphi_2+2\pi$；将$\varphi_1\sim\varphi_4$列举如下：$\varphi_1=0$；$\varphi_2=2\arccos\dfrac{2d_k}{D_p}$（$P_2$在$x$轴上方）或$\varphi_2=2\pi-2\arccos\dfrac{2d_k}{D_p}$（$P_2$在$x$轴下方）；$\varphi_3=-2\beta_2+\varphi_1+2\pi$；$\varphi_4=-2\beta_3+\varphi_2+2\pi$，由此可类推得到：

$$\varphi_i=\begin{cases}0 & \text{当 } i=1\\ \left.\begin{array}{l}2\arccos\dfrac{2d_k}{D_p}(\text{if } P_2 \text{ above } x-\text{axis})\\ 2\pi-2\arccos\dfrac{2d_k}{D_p},(\text{if } P_2 \text{ below } x-\text{axis})\end{array}\right\} & \text{当 } i=2\\ \left.\begin{array}{l}-2\beta_{i-1}+\varphi_{i-2},(\text{if } 2\beta_{i-1}+\varphi_{i-2}>0)\\ -2\beta_{i-1}+\varphi_{i-2}+2\pi,(\text{if } 2\beta_{i-1}+\varphi_{i-2}<0)\end{array}\right\} & \text{当 } 3\leqslant i\leqslant N_p+1\end{cases} \tag{2-18}$$

若引入方向判别系数κ（当$P_{i-2}\to P_{i-1}\to P_i$呈顺时针，$\kappa=-1$；当$P_{i-2}\to P_{i-1}\to P_i$呈逆时针，$\kappa=1$）、范围判别系数$\eta$（当$0<-2\kappa\beta_{i-1}+\varphi_{i-2}<2\pi$，$\eta=0$；否则，$\eta=1$），则式(2－17)、(2－18)可统一为：

$$\varphi_i=\begin{cases}0 & \text{当 } i=1\\ \left.\begin{array}{l}2\arccos\left(\dfrac{2d_k}{D_p}\right),(\text{若 } P_2 \text{ 在此 } x \text{ 轴上面})\\ 2\pi-2\arccos\left(\dfrac{2d_k}{D_p}\right),(\text{若 } P_2 \text{ 在 } x \text{ 轴下面})\end{array}\right\} & \text{当 } i=2\\ -2\kappa\beta_{i-1}+\varphi_{i-2}+2\kappa\eta\pi & \text{当 } 3\leqslant i\leqslant N_p+1\end{cases} \tag{2-19}$$

综上，式(2－19)为φ_i角通用坐标计算公式。

例如：当$d_k=22$ mm，$D_p=50$ mm，$N_p=3$，$\beta_2=36.89°$，$\beta_3=91.64°$，P_2在x轴下方，$P_{i-2}\to P_{i-1}\to P_i$呈顺时针，可得$\kappa=-1$，$\varphi_1=0$；$\varphi_2=303.28°$；$\varphi_3=73.78°$；$\varphi_4=90.84°$。

(2)z_i坐标计算：设换能器轴向间距为l_{AB}，由于P_1、P_{N_p+1}分别对应换能器TR_A、TR_B，且P_1位于x轴上，故有$z_1=0$、$z_{N_p+1}=l_{AB}$。效仿常见平面内管壁反射式声道节点等间距式分布，可将z_i等距离布置，即

$$z_i=\frac{l_{AB}(i-1)}{N_p} \tag{2-20}$$

其中，$1 \leqslant i \leqslant N_p + 1$，得到 φ_i、z_i 坐标后，声道节点 $P_i\left(\frac{D_p}{2}, \varphi_i, z_i\right)$坐标计算完成。

2. 相邻声道段空间夹角计算

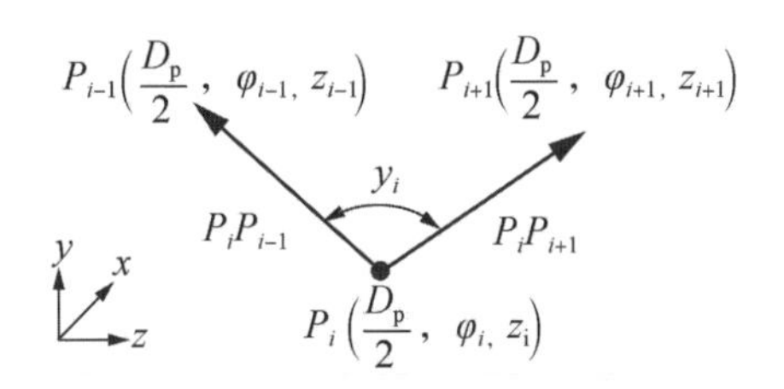

图 2 – 10　相邻声道段空间夹角向量示意图

相邻声道段空间夹角 γ_i 可通过向量法求解，如图 2 – 10 所示，从节点 $P_i\left(\frac{D_p}{2}, \varphi_i, z_i\right)$指向节点 $P_{i-1}\left(\frac{D_p}{2}, \varphi_{i-1}, z_{i-1}\right)$的向量为 $\boldsymbol{P}_i\boldsymbol{P}_{i-1} = \left[(\cos\varphi_{i-1} - \cos\varphi_i)\frac{D_p}{2}, (\sin\varphi_{i-1} - \sin\varphi_i)\frac{D_p}{2}, z_{i-1} - z_i\right]$，将式（2 – 20）$z_i = \frac{l_{AB}(i-1)}{N_p}$ 代入得 $\boldsymbol{P}_i\boldsymbol{P}_{i-1} = \left[(\cos\varphi_{i-1} - \cos\varphi_i)\frac{D_p}{2}, (\sin\varphi_{i-1} - \sin\varphi_i)\frac{D_p}{2}, -\frac{l_{AB}}{N_p}\right]$；同理可得从节点 $P_i\left(\frac{D_p}{2}, \varphi_i, z_i\right)$指向节点 $P_{i+1}\left(\frac{D_p}{2}, \varphi_{i+1}, z_{i+1}\right)$的向量 $\boldsymbol{P}_i\boldsymbol{P}_{i-1} = \left[(\cos\varphi_{i+1} - \cos\varphi_i)\frac{D_p}{2}, (\sin\varphi_{i+1} - \sin\varphi_i)\frac{D_p}{2}, \frac{l_{AB}}{N_p}\right]$，则 $\boldsymbol{P}_i\boldsymbol{P}_{i-1}$与 $\boldsymbol{P}_i\boldsymbol{P}_{i+1}$的向量积为：

$$
\begin{aligned}
\langle \boldsymbol{P}_i\boldsymbol{P}_{i-1}, \boldsymbol{P}_i\boldsymbol{P}_{i+1} \rangle &= \left[(\cos\varphi_{i-1} - \cos\varphi_i) \cdot \frac{D_p}{2}\right]\left[(\cos\varphi_{i+1} - \cos\varphi_i) \cdot \frac{D_p}{2}\right] + \\
&\quad \left[(\sin\varphi_{i-1} - \sin\varphi_i) \cdot \frac{D_p}{2}\right] \cdot \left[(\sin\varphi_{i+1} - \sin\varphi_i) \cdot \frac{D_p}{2}\right] - \frac{l_{AB}}{N_p} \cdot \frac{l_{AB}}{N_p} \\
&= \left[(\cos\varphi_{i-1} - \cos\varphi_i) \cdot (\cos\varphi_{i+1} - \cos\varphi_i) + (\sin\varphi_{i-1} - \sin\varphi_i) \cdot \right. \\
&\quad \left. (\sin\varphi_{i+1} - \sin\varphi_i)\right] \cdot \frac{D_p^2}{4} - \frac{l_{AB}^2}{N_p^2}
\end{aligned}
$$

$\boldsymbol{P}_i\boldsymbol{P}_{i-1}$与 $\boldsymbol{P}_i\boldsymbol{P}_{i+1}$的模分别为：

$$
\begin{aligned}
|P_iP_{i-1}| &= \sqrt{\frac{D_p^2\left[(\cos\varphi_{i-1} - \cos\varphi_i)^2 + (\sin\varphi_{i-1} - \sin\varphi_i)^2\right]}{4} + \frac{l_{AB}^2}{N_p^2}} \\
&= \sqrt{\frac{D_p^2\left[1 - \cos(\varphi_i - \varphi_{i-1})\right]}{2} + \frac{l_{AB}^2}{N_p^2}}
\end{aligned}
$$

$$|P_iP_{i+1}| = \sqrt{\frac{D_p^2[(\cos\varphi_{i+1} - \cos\varphi_i)^2 + (\sin\varphi_{i+1} - \sin\varphi_i)^2]}{4} + \frac{l_{AB}^2}{N_p^2}}$$

$$= \sqrt{\frac{D_p^2[1 - \cos(\varphi_i - \varphi_{i+1})]}{2} + \frac{l_{AB}^2}{N_p^2}}$$

根据向量余弦夹角公式可得：

$$\cos\gamma_i = \frac{\langle \boldsymbol{P}_i\boldsymbol{P}_{i-1}, \boldsymbol{P}_i\boldsymbol{P}_{i+1}\rangle}{|\boldsymbol{P}_i\boldsymbol{P}_{i-1}| \cdot |\boldsymbol{P}_i\boldsymbol{P}_{i+1}|}$$

$$= \frac{[(\cos\varphi_{i-1} - \cos\varphi_i)(\cos\varphi_{i+1} - \cos\varphi_i) + (\sin\varphi_{i-1} - \sin\varphi_i)(\sin\varphi_{i+1} - \sin\varphi_i)]\dfrac{D_p^2}{4} - \dfrac{l_{AB}^2}{N_p^2}}{\sqrt{\dfrac{D_p^2[1 - \cos(\varphi_i - \varphi_{i-1})]}{2} + \dfrac{l_{AB}^2}{N_p^2}}\sqrt{\dfrac{D_p^2[1 - \cos(\varphi_i - \varphi_{i+1})]}{2} + \dfrac{l_{AB}^2}{N_p^2}}}$$

$$\left.\begin{aligned} &\because (\cos\varphi_{i-1} - \cos\varphi_i)(\cos\varphi_{i+1} - \cos\varphi_i) + (\sin\varphi_{i-1} - \sin\varphi_i)(\sin\varphi_{i+1} - \sin\varphi_i) \\ &= \cos\varphi_{i-1}\cos\varphi_{i+1} - \cos\varphi_{i-1}\cos\varphi_i - \cos\varphi_i\cos\varphi_{i+1} + \cos^2\varphi_i + \\ &\sin\varphi_{i-1}\sin\varphi_{i+1} - \sin\varphi_{i-1}\sin\varphi_i - \sin\varphi_i\sin\varphi_{i+1} + \sin^2\varphi_i \\ &= \cos(\varphi_{i-1} - \varphi_{i+1}) - \cos(\varphi_{i-1} - \varphi_i) - \cos(\varphi_i - \varphi_{i+1}) + 1 \end{aligned}\right\}\Rightarrow$$

$$\cos\gamma_i = \frac{[\cos(\varphi_{i-1} - \varphi_{i+1}) - \cos(\varphi_{i-1} - \varphi_i) - \cos(\varphi_i - \varphi_{i+1}) + 1]\dfrac{D_p^2}{4} - \dfrac{l_{AB}^2}{N_p^2}}{\sqrt{\dfrac{D_p^2[1 - \cos(\varphi_i - \varphi_{i-1})]}{2} + \dfrac{l_{AB}^2}{N_p^2}}\sqrt{\dfrac{D_p^2[1 - \cos(\varphi_i - \varphi_{i+1})]}{2} + \dfrac{l_{AB}^2}{N_p^2}}} \quad (2-21)$$

综上，式(2－21)为相邻声道段空间夹角 γ_i 的计算公式。

例如：当 $D_p = 50$ mm，$l_{AB} = 100$ mm，$N_p = 3$，$\varphi_2 = 303.28°$，$\varphi_3 = 73.78°$，$\varphi_4 = 126.56°$时，可计算得 $\cos\gamma_3 \approx -0.4796$。

声道节点坐标、相邻声道段空间夹角求解完后，对选定声道平面模型的技术指标覆盖率优先立体声道设计完成，但其是否合格仍需经过后续空间夹角条件检验。

2.3.2.3 结构工艺优先的立体声道设计

结构工艺优先的立体声道设计以满足工艺要求(换能器 TR_A、TR_B 设计在管壁处同一直线方向上，即 $\varphi_1 = \varphi_{N_p+1}$)为前提，兼顾技术指标声道覆盖率。该工艺要求若得到实现将有利于流量计的制造、安装与维护。但在 2.3.1 节中得到的声道平面模型往往难以达到 $\varphi_1 = \varphi_{N_p+1}$，故工艺优先立体声道设计需先对声道平面模型进行调整以满足该工艺要求，然后再进行立体声道设计。调整后，相应的声道覆盖率会产生轻微变化。该设计主要包括声道平面模型调整、声道节点坐标求解、相邻声道段空间夹角计算等方面内容，其中声道节点坐标的求解、相邻声道段空间夹角的计算与上一节覆盖率优先的立体声道设计的相类似，下面重点介绍声道平面模型的调整。

1. 声道平面模型的调整

为实现 $\varphi_1 = \varphi_{N_p+1}$，至少需对其中一段声道进行调整，为尽量减小因调整所引起的声道覆盖率变化，可选择覆盖面积最小的声道段（离管道中心最远的第 N_p 段）进行调整。根据第 N_p 段声道在平面模型中位置的不同，该调整分为：①首/末端声道调整（第 N_p 段声道位于平面模型首、末端）；②中间段声道调整（第 N_p 段声道位于平面模型中间）。

（1）首/末端声道的调整：如图 2－11 所示为首/末端声道调整过程示意图，若第 N_p 段（P_3P_4）声道位于平面模型首/末端时，直接将第 N_p 段（P_3P_4）去除，然后重新添加一段（P_3P_4'）声道，使余下声道首尾连接（即节点 P_1、P_4' 重合），调整后技术指标声道覆盖率根据 d_{N_p}' 重新计算。

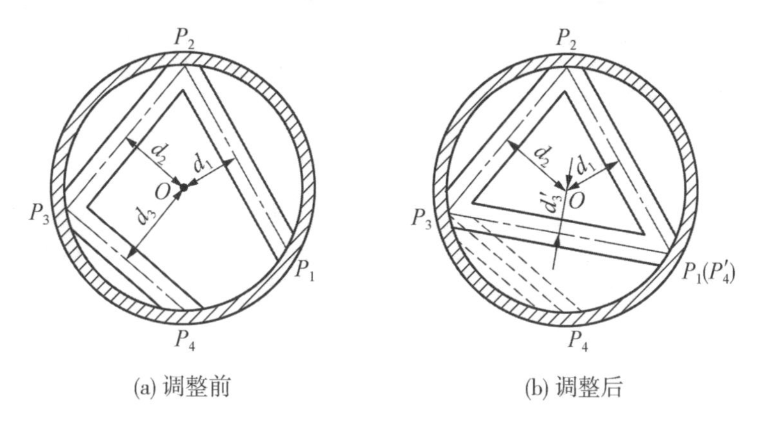

图 2－11　首/末端声道调整过程示意图

（2）中间段声道的调整：如图 2－12 所示为中间段声道调整过程示意图，若第 N_p 段（P_2P_3）声道位于声道平面模型中间，应首先将第 N_p 段（P_2P_3）声道去除，使得原声道平面模型被断开成两部分，然后通过将其中一部分（P_3P_4）旋转调整至原平面模型首尾连接（即 P_1、P_4' 重合）状态，再在缺口处重新添加一段声道（P_2P_3'），使得声道平面模型闭合。

以上介绍的声道平面模型调整方法，调整后声道平面模型可满足 $\varphi_1 = \varphi_{N_p+1}$ 工艺要求，然后再参照式(2－17)～式(2－21)对声道节点坐标、相邻声道段空间夹角进行计算，便可得工艺优先立体声道拓扑结构，但其是否合格仍需经过后续空间夹角条件检验。

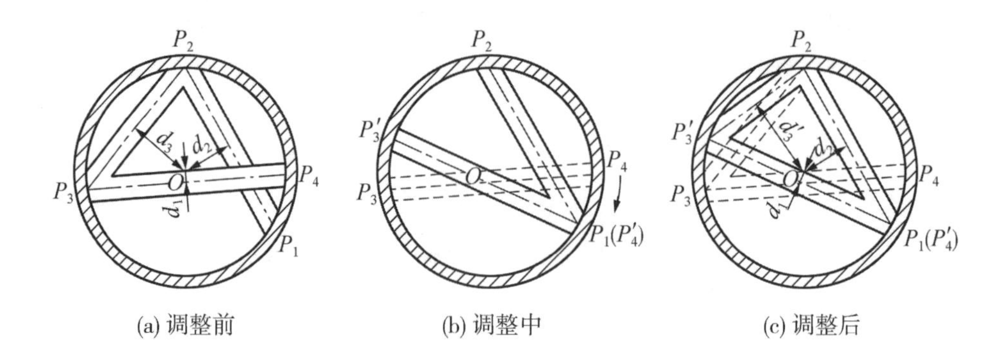

图 2－12　中间段声道调整过程示意图

2.3.2.4　相邻声道段空间夹角检验

由于超声信号传播时呈发散状，相邻声道段空间夹角 γ_i 越大，信号的耗散程度越严重，因而不管是以技术指标覆盖率优先还是以工艺优先为主要设计准则得到的立体声道拓扑结构，均需对 γ_i 进行检验，$\gamma_i \leqslant 120°$[85] 的立体声道拓扑结构的信号强度可得到较好保障。

由 $\gamma_i \leqslant 120°$ 可推得 $\cos\gamma_i \geqslant \cos 120° = -0.5$，结合式(2－21)可得：

$$\frac{\left[\cos(\varphi_{i-1}-\varphi_{i+1})-\cos(\varphi_{i-1}-\varphi_i)-\cos(\varphi_i-\varphi_{i+1})+1\right]\dfrac{D_{\mathrm{p}}^2}{4}-\dfrac{l_{\mathrm{AB}}^2}{N_{\mathrm{p}}^2}}{\sqrt{\dfrac{D_{\mathrm{p}}^2\left[1-\cos(\varphi_i-\varphi_{i-1})\right]}{2}+\dfrac{l_{\mathrm{AB}}^2}{N_{\mathrm{p}}^2}}\sqrt{\dfrac{D_{\mathrm{p}}^2\left[1-\cos(\varphi_i-\varphi_{i+1})\right]}{2}+\dfrac{l_{\mathrm{AB}}^2}{N_{\mathrm{p}}^2}}} \geqslant -0.5 \qquad (2-22)$$

满足式(2－22)即符合相邻声道段空间夹角检验要求的立体声道拓扑结构，即为单声道立体拓扑结构设计最终模型，其数量可能不唯一，可优先选择覆盖率较大的声道模型进行试验验证，再结合单声道性能评价指标以选择最适宜的声道模型。

2.4　立体单声道设计案例

超声流量计因具有宽量程比、精度高、重复性好等特点而得到广泛应用，其中，立体单声道超声流量计结构简单、灵活，适用于中小管径管道系统。上一节已探索研究单声道平面模型建模与求解、立体单声道拓扑结构设计方法，下面将在中小管径管道系统下，分别对层流/湍流流动状态进行立体单声道设计研究，以充分验证所提出的单声道设计理论的有效性、可行性、先进性。

2.4.1　以技术指标覆盖率优先的立体单声道设计案例

2.4.1.1　设计要求

对管径 $D_p = 50$ mm、换能器轴向间距 $l_{AB} = 100$ mm、声道宽 $D_{sig} = 6$ mm 的管道系统进行立体单声道设计，设计声道用于层流状态流体的流量测量，其期望技术指标覆盖率 $\zeta = 0.7$。

2.4.1.2　单声道平面模型建模与求解

(1)声道覆盖模式的选择：设计声道适用于层流状态流体，选择不完全覆盖模式。

(2)最少声道段数的计算：由式(2－12)得期望技术指标覆盖率 $\zeta = 0.7$ 时的声道段数 $N_p \geqslant [0.7\pi \times 50/(8 \times 6)] + 1 = 3$，先取 $N_p = 3$。

(3)各声道段与管道中心距离求解：由于等差分布计算较简单，声道段布置较均匀，较适用于层流流体模型，d_i 以等差规律分布，由式(2－13)，得 $d_i = (9.5i - 6.5)$ mm，$i = 1, 2, 3$，即 $d_1 = 3$ mm、$d_2 = 12.5$ mm、$d_3 = 22$ mm。根据式(2－8)，进行不完全覆盖模式声道覆盖率验证，得 $\zeta_u \approx 0.71 > 0.7$，$N_p = 3$ 可满足声道覆盖率要求。

(4)平面模型相邻声道段夹角计算：平面模型中的相邻声道段可分布在同侧(在同一半圆内)或异侧(不在同一半圆内)，同侧/异侧分布的相邻声道段分别按照式(2－15)、式(2－16)计算夹角大小。对 $d_1 = 3$ mm、$d_2 = 12.5$ mm、$d_3 = 22$ mm 的三段声道，可构成的相邻夹角的大小如表 2－1 所示。

表 2－1　平面模型相邻声道段夹角

相邻夹角	构成夹角的平面模型相邻声道		
	d_1、d_2	d_1、d_3	d_2、d_3
同侧 β_{k-T}/(°)	23.11	54.75	31.64
异侧 β_{k-Y}/(°)	36.89	68.53	91.64

对 $d_1 = 3$ mm、$d_2 = 12.5$ mm、$d_3 = 22$ mm 的三段声道进行排序连接，可能存在 3 种连接次序，又因为各连接方式存在同侧/异侧的可能，故可存在 $3 \times 2 \times 2 = 12$ 种声道平面模型，若以“－”表示同侧连接，“～”表示异侧连接，则 12 种声道平面模型分别为：(a) $d_1 - d_2 - d_3$、(b) $d_1 \sim d_2 - d_3$、(c) $d_1 - d_2 \sim d_3$、

(d) $d_1 \sim d_2 \sim d_3$、(e) $d_1 - d_3 - d_2$、(f) $d_1 \sim d_3 - d_2$、(g) $d_1 - d_3 \sim d_2$、(h) $d_1 \sim d_3 \sim d_2$、(i) $d_2 - d_1 - d_3$、(j) $d_2 \sim d_1 - d_3$、(k) $d_2 - d_1 \sim d_3$、(l) $d_2 \sim d_1 \sim d_3$，如图 2－13 所示。

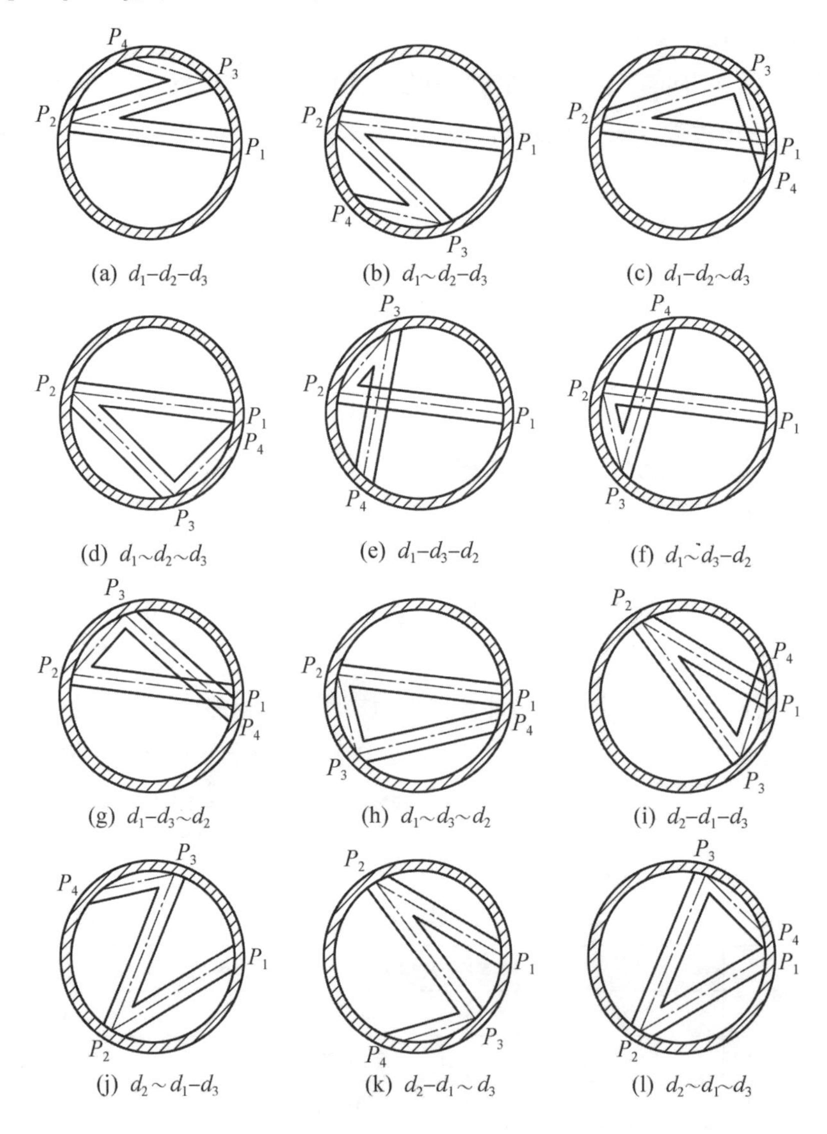

图 2－13　声道平面模型

2.4.1.3　立体单声道拓扑结构设计

(1)声道节点坐标求解：声道节点坐标 $P_i\left(\dfrac{D_p}{2}, \varphi_i, z_i\right)$包含$\dfrac{D_p}{2}$、$\varphi_i$、$z_i$ 三个坐标值，其中 $D_p/2 = 50/2 = 25$ mm 已知，余下 φ_i、z_i 分别根据 φ_i 角通用坐标计

算公式(2-19)、z_i 坐标计算公式(2-20)进行计算。

以声道平面模型(a) $d_1-d_2-d_3$ 为例，根据式(2-19)，$\varphi_1=0$；$\varphi_2=2\arccos\left(\frac{2d_k}{D_p}\right)=2\arccos(2\times3/50)\approx166.22°$(节点 P_2 在 X 轴上方)；因 $P_1\to P_2\to P_3$ 呈顺时针方向，故 $\kappa=-1$，又因为 $-2\kappa\beta_2+\varphi_1=-2\times(-1)\times23.11°+0°=46.22°$，而 $0<46.22°<2\pi$，可推得 $\eta=0$，故 $\varphi_3=2\beta_2+\varphi_1=2\times23.11°+0°=46.22°$；因 $P_2\to P_3\to P_4$ 呈逆时针方向，故 $\kappa=1$，又因为 $-2\kappa\beta_3+\varphi_2=-2\times1\times31.64°+166.22°=102.94°$，而 $0<102.94°<2\pi$，可推得 $\eta=0$，故 $\varphi_4=-2\beta_3+\varphi_2=-2\times31.64°+166.22°=102.94°$；根据式(2-20)，当 $l_{AB}=100$ mm、$N_p=3$，可推得 $z_i=\frac{100(i-1)}{3}$ mm，即 $z_1=0$、$z_2\approx33.33$ mm、$z_3\approx66.67$ mm、$z_4=100$ mm。

其余声道平面模型的节点坐标可按照上述过程进行求解，所得到的节点坐标值如表 2-2 所示。所有节点坐标确定后，以技术指标覆盖率优先的立体单声道拓扑结构基本确定，但其是否合格仍需经过后续空间夹角条件检验。

表 2-2　声道节点坐标

声道序号	φ_i 角坐标/(°)				z_i 坐标/mm			
	φ_1	φ_2	φ_3	φ_4	z_1	z_2	z_3	z_4
声道(a)	0	166.22	46.22	102.94	0	33.33	66.67	100
声道(b)	0	166.22	286.22	229.50	0	33.33	66.67	100
声道(c)	0	166.22	46.22	349.50	0	33.33	66.67	100
声道(d)	0	166.22	286.22	342.94	0	33.33	66.67	100
声道(e)	0	166.22	109.50	229.50	0	33.33	66.67	100
声道(f)	0	166.22	222.94	102.94	0	33.33	66.67	100
声道(g)	0	166.22	109.50	349.50	0	33.33	66.67	100
声道(h)	0	166.22	222.94	342.94	0	33.33	66.67	100
声道(i)	0	120.00	313.78	10.50	0	33.33	66.67	100
声道(j)	0	240.00	73.78	130.50	0	33.33	66.67	100
声道(k)	0	120.00	313.78	257.06	0	33.33	66.67	100
声道(l)	0	240.00	73.78	17.06	0	33.33	66.67	100

(2)相邻声道段空间夹角计算与验证：由于超声信号在传播时呈发散状，相邻声道段空间夹角 γ_i 越大，信号的耗散程度越严重，当 $\gamma_i\leqslant120°$时，信号的耗散程度在可接受范围内。根据式(2-22)可得相邻声道段空间夹角余弦值，如表 2-3 所示，从表中数据可判断声道(c)、(d)、(g)、(h)不满足 $\gamma_i\leqslant120°$，故该四条立体声道未能通过检验。

表2-3　相邻声道段空间夹角计算与验证

$\cos\gamma_i$	声道序号											
	(a)	(b)	(c)	(d)	(e)	(f)	(g)	(h)	(i)	(j)	(k)	(l)
$\cos\gamma_2$	0.26	0.19	0.26	0.19	-0.18	-0.28	-0.18	-0.28	0.26	0.19	0.26	0.19
$\cos\gamma_3$	-0.11	-0.11	-0.51	-0.51	-0.11	-0.11	-0.51	-0.51	-0.18	-0.18	-0.28	-0.28
$\cos\gamma_i \geqslant -0.5$?	√	√	×	×	√	√	×	×	√	√	√	√

完成对相邻声道段空间夹角的验证后，对管径 $D_p=50$ mm、换能器轴向间距 $l_{AB}=100$ mm、声道宽 $D_{sig}=6$ mm 的管道系统进行以技术指标覆盖率优先为主要设计要求的立体单声道拓扑结构设计，设计得到的声道可用于层流状态流体的流量测量，其覆盖率 $\zeta\approx0.71$。得到立体单声道拓扑模型见表2-4，以声道1、10为示例立体单声道拓扑结构如图2-14所示。

表2-4　覆盖率优先的立体单声道拓扑结构

声道序号	声道节点坐标/(mm,°，mm)			
1	P_1(25,0,0)	P_2(25,166.22,33.33)	P_3(25,46.22,66.67)	P_4(25,102.94,100)
2	P_1(25,0,0)	P_2(25,166.22,33.33)	P_3(25,286.22,66.67)	P_4(25,229.5,100)
3	P_1(25,0,0)	P_2(25,166.22,33.33)	P_3(25,109.5,66.67)	P_4(25,229.5,100)
4	P_1(25,0,0)	P_2(25,166.22,33.33)	P_3(25,222.94,66.67)	P_4(25,102.94,100)
5	P_1(25,0,0)	P_2(25,120,33.33)	P_3(25,313.78,66.67)	P_4(25,10.5,100)
6	P_1(25,0,0)	P_2(25,240,33.33)	P_3(25,73.78,66.67)	P_4(25,130.5,100)
7	P_1(25,0,0)	P_2(25,120,33.33)	P_3(25,313.78,66.67)	P_4(25,257.06,100)
8	P_1(25,0,0)	P_2(25,240,33.33)	P_3(25,73.78,66.67)	P_4(25,17.06,100)

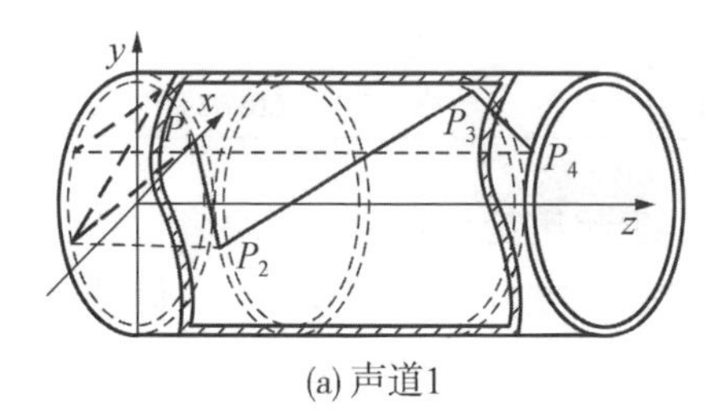

(a) 声道1

(b) 声道10

图2-14　立体单声道拓扑结构示例

由立体几何长度原理，可得相应立体单声道的声道长度：

$$l_{3D-FGL} = \sum_{i=1}^{N_p} \sqrt{\left(\frac{D_p\cos\varphi_i}{2} - \frac{D_p\cos\varphi_{i+1}}{2}\right)^2 + \left(\frac{D_p\sin\varphi_i}{2} - \frac{D_p\sin\varphi_{i+1}}{2}\right)^2 + (z_i - z_{i+1})^2}$$

$$= \sum_{i=1}^{N_p} \sqrt{\frac{D_p^2(\cos\varphi_i - \cos\varphi_{i+1})^2 + (\sin\varphi_i - \sin\varphi_{i+1})^2}{4} + (z_i - z_{i+1})^2}$$

又因为$(\cos\varphi_i - \cos\varphi_{i+1})^2 + (\sin\varphi_i - \sin\varphi_{i+1})^2 = 2[1 - (\cos\varphi_{i+1} - \cos\varphi_i)]$，$z_i - z_{i+1} = -\dfrac{l_{AB}}{N_p}$，故有：

$$l_{3D-FGL} = \sum_{i=1}^{N_p} \sqrt{\frac{D_p^2[1 - (\cos\varphi_{i+1} - \cos\varphi_i)]}{2} + \frac{l_{AB}^2}{N_p^2}} \tag{2-23}$$

当$D_p = 50$ mm、$l_{AB} = 100$ mm、$N_p = 3$时，结合表2-4各立体声道坐标，根据式(2-23)可算得各声道长度(见表2-5)。

表2-5　设计声道的声道长度与覆盖率表

声道序号	1	2	3	4	5	6	7	8
声道长度l_{3D-FGL}/mm	155.37	155.37	155.37	155.37	155.37	155.37	155.37	155.37
覆盖率	0.71	0.71	0.71	0.71	0.71	0.71	0.71	0.71

设计声道与常用代表性声道长度、覆盖率对比如表2-6所示。

表2-6　设计声道与常用代表性声道长度、覆盖率及反射次数对比表

声道类型	设计声道	U形	Z形	V形	N形	W形	△形
声道长度l_p/mm	155.37	150	111.80	141.42	180.28	223.61	163.94
覆盖率	0.71	0.076	0.153	0.153	0.153	0.153	0.265
反射次数	2	2	0	1	2	3	2

可以看出：在$D_p = 50$ mm、$l_{AB} = 100$ mm时，l_{3D-FGL}比l_U、l_Z、l_V均大，能有效增长声道；尽管l_{3D-FGL}比l_N、l_W、$l_\triangle$小，但其覆盖率ζ_{3D-FGL}远大于ζ_N、ζ_W、$\zeta_\triangle$，为三角形声道$\zeta_\triangle$的2.7倍，有助提升声道对流场变化的适应力；本方法所设计声道在增加声道长度的同时，可提升声道对流场变化的适应力，先进性比较明显。

2.4.2 以结构工艺优先的立体单声道设计案例

2.4.2.1 设计要求

对管径 $D_p = 50\ mm$、换能器轴向间距 $l_{AB} = 100\ mm$、声道宽 $D_{sig} = 6\ mm$ 的管道系统进行立体单声道设计，设计声道用于湍流状态流体的流量测量，其期望技术指标覆盖率 $\zeta = 0.7$。

2.4.2.2 单声道平面模型的建模与求解

(1)声道覆盖模式选择：声道适用于湍流状态流体，选择重叠覆盖模式。

(2)计算最少声道段数：由式(2-12)得期望技术指标覆盖率 $\zeta = 0.7$ 时的声道段数 $N_p \geqslant \frac{0.7\pi \times 50}{8 \times 6} + 1 = 3$，先取 $N_p = 3$。

(3)各声道段与管道中心距离求解：由于等比分布，声道呈现为中间密边缘疏布置方式，符合流体流速“中心高边缘低”，较适用于湍流流体模型，d_i 以等比规律分布，由式(2-14)，得 $d_i = 3 \times \frac{22}{3}^{\frac{i-1}{2}}\ mm$，$i = 1, 2, 3$，可推得 $d_1 = 3\ mm$、$d_2 = 8.12\ mm$、$d_3 = 22\ mm$。根据式(2-6)，进行重叠覆盖模式声道覆盖率验证，得 $\zeta_o \approx 0.69$，该值非常接近0.7，工艺优先立体单声道设计存在声道段调整，覆盖率轻微变动，暂取 $N_p = 3$ 进行声道设计。

(4)平面模型相邻声道段夹角计算：平面模型中相邻声道段可分布在同侧(在同一半圆内)或异侧(不在同一半圆内)，分别按照式(2-15)、式(2-16)计算夹角。对 $d_1 = 3\ mm$、$d_2 = 8.12\ mm$、$d_3 = 22\ mm$ 的三段声道，可构成的相邻夹角大小如表2-7所示。

表2-7　平面模型相邻声道段夹角

相邻夹角	构成夹角的平面模型相邻声道		
	d_1、d_2	d_1、d_3	d_2、d_3
同侧 β_{k-T}/(°)	12.06	54.75	42.69
异侧 β_{k-Y}/(°)	25.85	68.53	80.60

对 $d_1 = 3\ mm$、$d_2 = 8.12\ mm$、$d_3 = 22\ mm$ 的三段不同声道进行排序连接，可能存在3种连接次序，又因为各连接方式存在同侧或异侧的可能，可存在 $3 \times 2 \times 2 = 12$ 种声道平面模型，若以“-”表示同侧连接，“～”表示异侧连接，则12种声道平面模型分别为：(a) $d_1 - d_2 - d_3$、(b) $d_1 \sim d_2 - d_3$、(c) $d_1 - d_2 \sim d_3$、 (d)$d_1\sim d_2\sim d_3$、(e) $d_1-d_3-d_2$、(f) $d_1\sim d_3-d_2$、(g)$d_1-d_3\sim d_2$、(h)$d_1\sim d_3\sim d_2$、(i)$d_2-d_1-d_3$、(j) $d_2\sim d_1-d_3$、(k)$d_2-d_1\sim d_3$、(l)$d_2\sim d_1\sim d_3$，如图 2－15 所示。

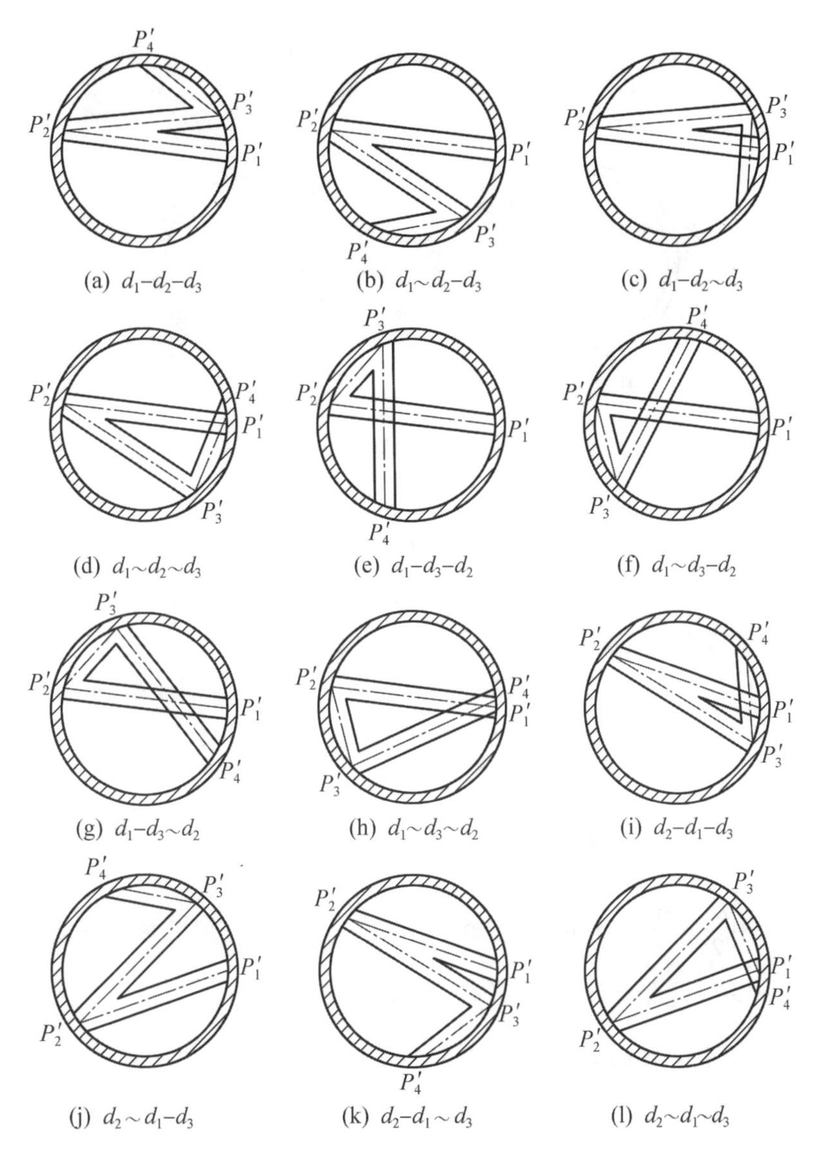

图 2－15　声道平面模型

2.4.2.3　立体单声道拓扑结构设计

(1)声道平面模型调整：为满足换能器 TR_A、TR_B 设计在管壁处同一直线方向上的工艺要求，即 $\varphi_1=\varphi_{N_p+1}$，至少需对其中一段声道进行调整，为尽量减小受该调整影响所引起的声道覆盖率变化，可选择覆盖面积最小的声道段(离管道中心最远的第 N_p 段)进行调整。根据2.3.2节声道平面模型调整方法，对图2-15中所有平面模型进行调整，由于声道段数 $N_p=3$，去掉第3段声道后仅有第1段($d_1=3$ mm)、2段($d_2=8.12$ mm)，故调整后声道平面模型仅剩2个(见图2-16)。

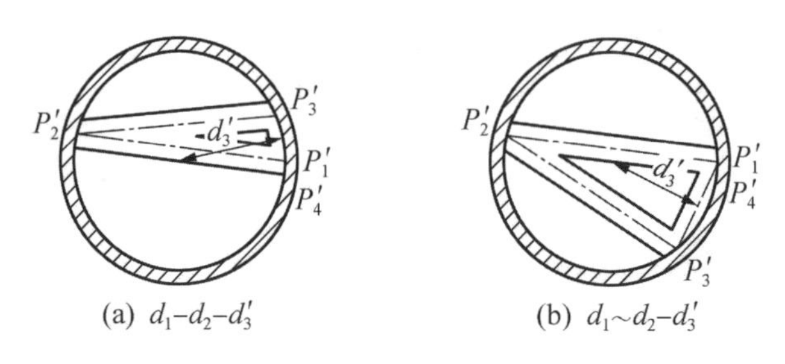

图2-16　调整后的声道平面模型

调整后平面模型的 d_3'、β_k'、覆盖率 ζ_o 分别为(a)：$d_3'=24.45$ mm、$\beta_2'=12.06°$、$\beta_3'=96.91°$、$\zeta_o\approx0.61$，(b)：$d_3'=22.5$ mm、$\beta_2'=25.85°$、$\beta_3'=83.11°$、$\zeta_o\approx0.68$。声道平面模型(a)(b)的覆盖率 ζ_o 均小于期望覆盖率 $\zeta=0.7$，由于以工艺优先，覆盖率一定程度上会降低，若要求 ζ_o 必须大于或等于0.7，需增加声道段数(如 $N_p=4$)重复上述步骤进行计算。考虑到声道平面模型(a)、(b)的 ζ_o 较接近 $\zeta=0.7$，下面接着以声道平面模型(a)(b)进行以工艺优先的立体单声道拓扑结构设计。

(2)声道节点坐标求解：声道节点坐标 $P_i\left(\frac{D_p}{2},\ \varphi_i,\ z_i\right)$ 包含 $\frac{D_p}{2}$、φ_i、z_i 三个坐标值，其中 $\frac{D_p}{2}=\frac{50}{2}=25$ mm 为已知，余下的 φ_i、z_i 可分别根据 φ_i 角通用坐标计算公式(2-19)、z_i 坐标计算公式(2-20)计算得到。

对声道平面模型(a) $d_1-d_2-d_3'$，根据式(2-19)，$\varphi_1=0$；$\varphi_2=2\arccos\frac{2d_k}{D_p}=2\arccos\left(2\times\frac{3}{50}\right)\approx166.22°$(节点 P_2' 在 x 轴上方)；因 $P_1'\to P_2'\to P_3'$ 呈顺时针方向，故 $\kappa=-1$，又因为 $-2\kappa\beta_2'+\varphi_1=-2\times(-1)\times12.06°+0°=24.12°$，而 $0<24.12°<2\pi$，可推得 $\eta=0$，故 $\varphi_3=2\beta_2'+\varphi_1=2\times12.06°+0°=24.12°$；$\varphi_4=\varphi_1=0$；根据式(2-20)，当 $l_{AB}=100$ mm、$N_p=3$，可推得 $z_i=\frac{100(i-1)}{3}$ mm，即

$z_1=0$、$z_2\approx33.33$ mm、$z_3\approx66.67$ mm、$z_4=100$ mm。

同理，对声道平面模型(b) $d_1\sim d_2-d_3'$ 可得：$\varphi_1=0$、$\varphi_2=166.22°$、$\varphi_3=308.3°$、$\varphi_4=0$，$z_1=0$、$z_2\approx33.33$ mm、$z_3\approx66.67$ mm、$z_4=100$ mm。

节点坐标确定后，以技术指标覆盖率优先为主要设计要求的立体单声道的拓扑结构基本确定，但其是否合格仍需经后续空间夹角条件检验进行判断。

(3)相邻声道段空间夹角计算与验证：由于超声信号在传播时呈发散状，相邻声道段空间夹角 γ_i 越大，信号耗散越严重，当 $\gamma_i\leqslant120°$时，信号的耗散程度在可接受范围内。根据式(2－22)可得对声道(a)：$\cos\gamma_2\approx0.34>-0.5$、$\cos\gamma_3\approx-0.58<-0.5$；对声道(b)：$\cos\gamma_2\approx0.29>-0.5$、$\cos\gamma_3\approx-0.43>-0.5$，故立体声道(a)不能通过检验。

完成对相邻声道段空间夹角的验证后，对管径 $D_p=50$ mm、换能器轴向间距 $l_{AB}=100$ mm、声道宽 $D_{sig}=6$ mm 的管道系统进行以工艺优先为主要设计要求的立体单声道拓扑结构设计，设计得到的声道可用于湍流状态流体的流量测量，其覆盖率 $\zeta\approx0.68$。得到立体单声道拓扑模型为 $P_1(25,0,0)\rightarrow P_2(25,166.22°,33.33)\rightarrow P_3(25,308.3°,66.67)\rightarrow P_4(25,0,100)$，其结构如图 2－17 所示。

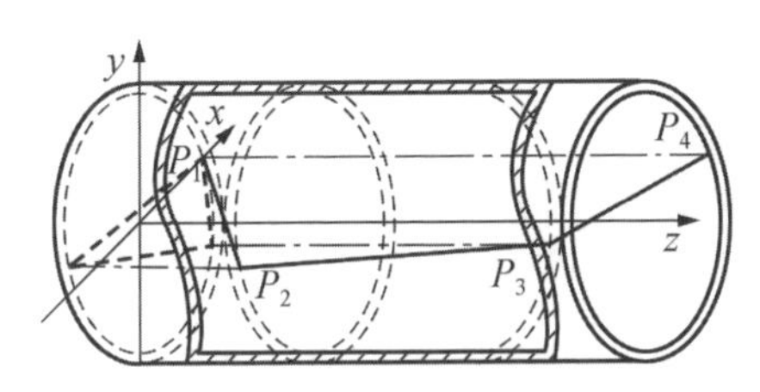

图 2－17　工艺优先立体单声道拓扑结构

由式(2－23)可得以工艺优先为设计要求得到的立体单声道的声道长度 $l_{3D-GY}=157.48$ mm。设计声道与常用代表性声道的声道长度、覆盖率对比如表 2－8 所示。

表 2－8　设计声道与常用代表性声道长度、覆盖率对比表

声道类型	工艺优先	覆盖率优先	U 形	Z 形	V 形	N 形	W 形	△形
声道长度 l_p/mm	157.48	155.37	150	111.80	141.42	180.28	223.61	163.94
覆盖率	0.68	0.71	0.076	0.153	0.153	0.153	0.153	0.265
反射次数	2	2	2	0	1	2	3	2

可以看出：在 $D_p=50$ mm、$l_{AB}=100$ mm 时，l_{3D-GY}均大于 l_U、l_Z、l_V，能有效

增长声道，尽管 l_{3D-GY} 小于 l_N、l_W、$l_\triangle$，但其覆盖率 ζ_{3D-GY} 远大于 ζ_N、ζ_W、$\zeta_\triangle$，为△形声道的 $\zeta_{3D-GY}/\zeta_\triangle \approx 2.6$ 倍，有助提升声道对流场变化的适应力。此外，$l_{3D-GY} > l_{3D-FGL}$，$\zeta_{3D-GY} < \zeta_{3D-FGL}$，表明以工艺优先设计得到的声道的声道长度较覆盖率优先可增长，但覆盖率会稍微降低。故本方法所设计声道在增加声道长度的同时，亦可提升声道对流场变化的适应力，先进性比较明显。

2.5 本章小结

本章主要内容包括：

(1)提出时差式超声流量计的单声道性能评价指标与物理意义。提出流量测量平均相对误差 $\bar{\varepsilon}$ 及标准误差 σ 指标，其中 $\bar{\varepsilon}$ 是衡量声道在相同管道系统与运行工况下多次测量所得到的结果的准确程度的重要指标，$\bar{\varepsilon}$ 越小，测量准确度越高；σ 是反映声道在相同管道系统与运行工况下多次测量所得到结果的稳定程度的指标，σ 越小，表示测量结果越稳定。故 $\bar{\varepsilon}$、σ 是通过测量结果相对误差来提供声道性能评价的指标，其综合物理意义表现为声道对不规则流场的适应力的强弱。提出声道覆盖率 ζ 是衡量声道获取流场信息能力的重要指标，ζ 越大，声道覆盖区域越广，声道内流体平均流速越接近真实值。增大声道覆盖率，有助于增强声道对不规则流场的适应力。

(2)系统研究时差式超声流量计的单声道平面模型建模与求解方法，在二维层面解决声道覆盖率问题，为后续立体单声道拓扑结构设计提供多种方案。分析不同声道覆盖模式的适用范围，其中重叠覆盖对特定区域测量有重点要求，完全覆盖要求声道尽可能广地覆盖流体，不完全覆盖要求声道分散多区域覆盖流体；推导通用最小声道段数目计算公式 $N_p \geqslant \left[\frac{\zeta \pi D_p}{8D_{sig}}\right]+1$，当给定管径 D_p、声道宽 D_{sig}、期望技术指标覆盖率 ζ 后，可直接算得满足 ζ 的最小声道段数；推导出各声道段与管道中心距离等差、等比分布的求解公式，其中等差分布模式计算较简单、声道段布置得较均匀，较适用于层流流体模型，等比分布模式计算较复杂、声道段布置呈中间密边缘疏状态，较适用于湍流流体模型；推导出平面模型相邻声道段同侧、异侧分布的夹角计算公式，最终确定声道平面模型。

(3)探索性研究时差式超声流量计的立体单声道拓扑结构设计方法。在声道平面模型基础上，探索技术指标覆盖率优先的立体声道设计方法，推导出 φ_i 角通用坐标计算公式、z_i 坐标计算公式、相邻声道段空间夹角计算公式，在保证声道覆盖率前提下实现立体单声道设计；探索结构工艺优先的立体声道设计方法，重点解决声道平面模型调整问题，通过对覆盖面积最小声道段进行调整，实现换能器在管壁处处于同一直线方向上。

（4）系统进行立体单声道设计算案例推演，验证超声流量计立体单声道设计方法的有效性、可行性与先进性。对管径 $D_p = 50$ mm、换能器轴向间距 $l_{AB} = 100$ mm、声道宽 $D_{sig} = 6$ mm 的管道系统分别进行以技术指标覆盖率优先、以结构工艺优先为主要设计要求的立体单声道设计，其期望技术指标覆盖率 $\zeta = 0.7$。研究表明，以技术指标覆盖率优先设计声道，可有效增加声道长度，且覆盖率可为常用代表性声道最大覆盖率的 2.7 倍，有助于提升声道对流场变化的适应力，先进性比较明显；以结构工艺优先设计的声道，在增加声道长度的同时，覆盖率为常用代表性声道的最大覆盖率的 2.6 倍，较覆盖率优先的声道覆盖率稍微减少，但与常用代表性声道相比，先进性依然较明显。

第3章　时差式超声流量计立体多声道设计方法

3.1　引言

本书已于第1章绪论中指出时差式超声流量计是制造工业过程控制等领域的重要装备之一。随着管道直径增大、测量范围变广，单一声道所能获取的流场信息相对有限，通过增加声道数目以提升声道对流场的覆盖程度，是提高流量计流量测量准确性的重要方法。如交叉式多声道流量计可设计有较多声道数目，变化灵活，存在较大声道设计空间，复杂程度高，能抵消径向流速引起的误差，性能较好，是中、大管径流量测量的重要装备。但现有多声道流量计的声道拓扑结构一般呈中心对称式分布，声道所获取的流场信息容易重复，而且设计过程中的声道权重系数还缺乏较统一的确定方法，过程复杂。因而，以交叉式多声道为基础研究超声流量计立体多声道设计方法，就显得尤其具有重要理论价值与实际意义。

为此，本章将在第2章时差式超声流量计立体单声道设计方法的研究基础上，重点探讨时差式超声流量计立体多声道设计方法，结合时差式超声流量计多声道设计原理及应用情况，分析多声道性能的评价指标及物理意义，研究立体多声道拓扑结构设计方法，重点探索多声道平面模型建模与求解、立体多声道拓扑结构设计与优化，并在中、大管径情况下开展立体多声道设计案例推演，验证立体多声道设计理论的有效性、可行性、先进性。

3.2　多声道性能评价指标及物理意义

多声道性能的评价指标有很多，主要包括声道数目 N_{path}、平均声道反射次数 $\overline{N}_{\mathrm{reflex}}$、声道覆盖率 ζ、流量测量平均相对误差 $\bar{\varepsilon}$ 及标准误差 σ。下面对其定义及物理意义进行详细论述。

3.2.1　声道数目

声道数目 N_{path} 定义为超声信号从发射至被接收过程中存在的路径数量。一般一对换能器对应一条声道。

N_{path} 一方面可用于衡量多声道拓扑结构的复杂程度，另一方面可体现使用该多声道拓扑结构的流量计所需耗费的成本。N_{path} 越大，声道拓扑结构越复杂，流量计成本越高。

3.2.2　平均声道反射次数

平均声道反射次数 $\overline{N}_{reflex}$ 定义为多声道总反射次数与声道数目 N_{path} 之比。若声道 i 反射次数为 $N_{i-reflex}$，则

$$\overline{N}_{reflex} = \frac{\sum_{i=1}^{N_{path}} N_{i-reflex}}{N_{path}} \tag{3-1}$$

$\overline{N}_{reflex}$ 是衡量信号沿多声道传播平均耗散程度的重要指标，$\overline{N}_{reflex}$ 越大，信号传播的平均耗散程度越高。

3.2.3　声道覆盖率

与第2章立体单声道中提及的声道覆盖率 ζ 类似，时差式超声流量计立体多声道的声道覆盖率 ζ 定义为所有声道在管道横截面处的投影的净面积 S 与半圆截面积之比，即 $\zeta = \frac{8S}{\pi D_p^2}$。它是衡量声道获取流场信息能力的重要指标，$\zeta$ 越大，声道覆盖区域越广，声道内流体平均流速越接近真实值。增大声道覆盖率，有助于增强声道对不规则流场的适应力。不同声道覆盖模式下的 ζ 可根据式(2-4)、式(2-6)、式(2-8)计算得到。

3.2.4　流量测量平均相对误差及标准误差

与第2章立体单声道中提及的流量测量平均相对误差 $\bar{\varepsilon}$、流量测量标准误差 σ 类似，立体多声道的流量测量平均相对误差 $\bar{\varepsilon}$ 及标准误差 σ 分别定义为声道在相同管道系统与运行工况下多次测量结果的相对误差的平均值、多次测量结果的相对误差的标准差。其中，$\bar{\varepsilon}$ 是衡量声道在相同管道系统与运行工况下多次测量

结果的准确程度的重要指标，$\bar{\varepsilon}$ 越小，测量准确度越高；σ 反映声道在相同管道系统与运行工况下多次测量结果的稳定程度，σ 越小，测量结果越稳定。$\bar{\varepsilon}$、σ 通过测量结果相对误差评价声道性能，体现多声道对不规则流场的适应力的强弱，它们可根据式(2－1)、式(2－2)计算得到。

3.3 立体多声道拓扑结构设计方法

要实现立体多声道的拓扑结构设计，需先针对现有多声道结构较单一、声道覆盖率较低、声道权重系数缺乏较统一的确定方法等问题展开研究。需根据给定的相关参数(如管径 D_p、声道宽 D_{sig}，期望覆盖率 ζ 等)，计算最少声道段数、求解各声道段与管道中心距离，这与第 2 章立体单声道的拓扑结构设计相类似。但多声道设计较单声道难度更大，突出表现在：

(1)多声道常用于中、大管径管道，$\frac{D_{sig}}{D_p}$太小，声道覆盖模式难以采用重叠或完全覆盖模式，一般为不完全覆盖。

(2)需对声道段进行分配组合，不同分配方式下可获得不同的多声道结构。

(3)声道节点坐标计算需考虑换能器相对位置，不同声道的换能器间有可能会产生位置冲突。

(4)各声道获取提供的流场信息不同，需对各声道权重系数进行确定。

立体多声道拓扑结构设计方法主要从多声道平面模型的建模与求解(包括最少声道段数的计算、各声道段与管道中心距离的求解及最终覆盖率的确定、声道数目及平面模型组合排列数量的计算、平面模型相邻声道段夹角的计算等)、多声道立体拓扑结构的设计(包括立体声道坐标系的建立、声道节点坐标的计算、相邻声道段空间夹角的计算等)、多声道流速加权系数的确定三个方面展开。

3.3.1 多声道平面模型的建模与求解

图 3－1 为多声道平面模型的建模与求解流程图，这个过程与立体单声道平面模型的建模与求解过程基本相同。根据给定的管径 D_p、声道宽 D_{sig}、期望覆盖率 ζ（技术指标）等相关参数进行平面模型设计，其主要建模过程包括：①计算最少声道段数；②求解各声道段与管道中心距离及确定最终覆盖率；③计算声道数目及平面模型组合排列数量；④计算单一声道的平面模型相邻声道段夹角等

内容。

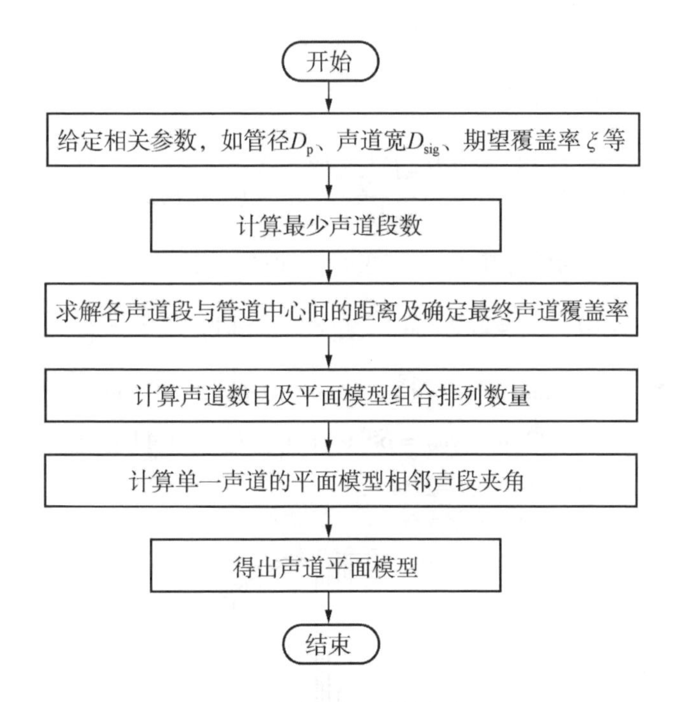

图 3－1　多声道平面模型建模与求解流程图

3.3.1.1　最少声道段数的计算

多声道常用于中、大管径管道，$\frac{D_{sig}}{D_p}$太小，声道覆盖模式一般为不完全覆盖，与立体单声道式(2－11)相同，得最少声道段数 $N_p > \frac{\zeta\pi D_p}{8D_{sig}}$，利用取整运算符“[ ]”对 N_p 进行整数化处理得：

$$N_p \geqslant \left[\frac{\zeta\pi D_p}{8D_{sig}}\right] + 1 \tag{3-2}$$

式(3－2)为多声道最少声道段数的计算公式，与单声道最少声道段数的计算公式完全相同。

由于多声道$\frac{D_{sig}}{D_p}$较小，则$(N_p)_{min}$较大。例如，当 $D_p = 200$ mm、$D_{sig} = 6$ mm、$\zeta = 0.7$ 时，$(N_p)_{min} = 10 \gg 3$。若采用单声道，反射次数 9 次，远超过反射上限(一般 2 次)，信号耗散严重，故至少需要多声道(4 声道)来完成。

最少声道段数一定程度上决定管道中的声道是单声道还是多声道，一般声道数目 $N_{path} \geqslant \left[\frac{(N_p)_{min}}{3}\right]$。

3.3.1.2 各声道段与管道中心距离的求解及最终覆盖率的确定

根据式(2-13)，声道覆盖模式为不完全覆盖，各声道段与管道中心距离 d_i 可采用等差分布计算，均匀布置声道段，有

$$d_i = \frac{D_{sig}}{2} + \frac{\left(\frac{D_p}{2} - D_{sig}\right)(i-1)}{N_p - 1} \qquad (i = 1,2,\cdots,N_p) \qquad (3-3)$$

式(3-3)为各声道段与管道中心间距离 d_i 的计算公式。

例如，当 $N_p = 10$、$D_p = 200$ mm、$D_{sig} = 6$ mm 时，$d_i = \frac{94i-67}{9}$ mm，$i = 1,2,\cdots,10$，可推得 $d_1 = 3$ mm、$d_2 = 13.44$ mm、$d_3 = 23.89$ mm、$d_4 = 34.33$ mm、$d_5 = 44.78$ mm、$d_6 = 55.22$ mm、$d_7 = 65.67$ mm、$d_8 = 76.11$ mm、$d_9 = 86.56$ mm、$d_{10} = 97$ mm。声道段分布如图3-2所示。

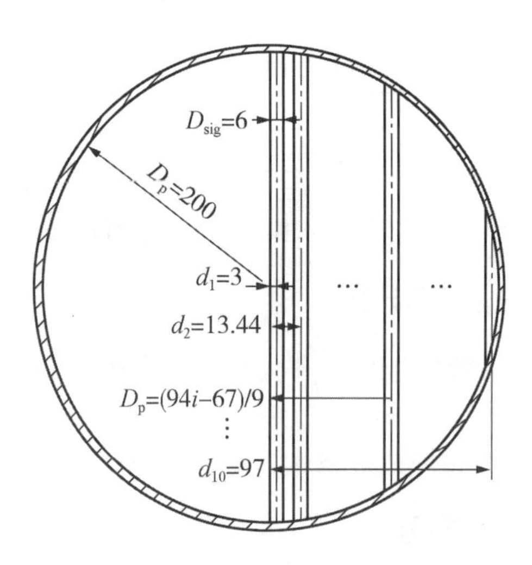

图3-2 d_i 等差规律分布示例(单位：mm)

求解出 d_i 后，便可根据式(2-8)检验计算声道覆盖率，所计算得到并经检验通过的声道覆盖率为实际得到的覆盖率。

3.3.1.3 声道数目及平面模型组合排列数量的计算

中、大管径 $\frac{D_{sig}}{D_p}$ 较小、ζ 较大，声道段数 N_p 较大，如果声道数目为 N_{path}、换能器数目为 N_{TR}，那么，若采用一段声道作一条声道的方式，则有 $N_{path} = 2N_p$，因此 $N_{TR} = 2N_{path} = 4N_p$，$N_{path}$、$N_{TR}$ 也均较大，不利于节省换能器成本与安装空间。如果通过声道反射将多段声道串成一条声道，则可大大减小 N_{path}、N_{TR}，节省换

能器成本，释放安装空间，这便是平面模型不同声道段组合的任务目标。平面模型的不同声道段组合具体是指将所有声道段进行分组，然后再将各组声道段组合成一条声道。

若声道 i 的声道段数为 N_{p-i}，则反射次数为 $N_{p-i}-1$。由于 $N_{p-i}-1$ 越大，信号传播耗散得越严重，故一般有 $N_{p-i}-1\leqslant 2$。在保证信号传播要求前提下，尽量增大反射次数，可取 $N_{p-i}-1=2$，即 $N_{p-i}=3$，则声道数目 N_{path}、声道 i 包含声道段数 N_{p-i}分别为：

$$N_{path}=\begin{cases}\dfrac{N_p}{3} & \text{当 } N_p-3\times\dfrac{N_p}{3}=0\\[2ex] \dfrac{N_p}{3}+1 & \text{当 } N_p-3\times\dfrac{N_p}{3}\neq 0\end{cases} \tag{3-4}$$

$$N_{p-i}=3\quad(1\leqslant i\leqslant N_{path}-1);\ N_{p-N_{path}}=N_p-3N_{path}+3 \tag{3-5}$$

式(3-4)、式(3-5)分别是 N_{path}、N_{p-i}的计算公式。

例如，$N_p=10$ 时，$N_{path}=4$，$N_{p-1}=3$，$N_{p-2}=3$，$N_{p-3}=3$，$N_{p-4}=1$。

根据 N_{p-i}值，依次对声道 i 包含的声道段进行分配，则有声道 1 存在

$$C_{N_p}^3=\frac{N_p(N_p-1)(N_p-2)}{6}=\frac{N_p!}{6(N_p-3)!}$$

种组合；声道 2 存在

$$C_{N_p-3}^3=\frac{N_p(N_p-3)(N_p-4)(N_p-5)}{6}=\frac{(N_p-3)!}{6(N_p-6)!}$$

种组合；以此类推，声道 i 存在的组合方式数为：

$$C_{N_p-3(i-1)}^3=\frac{[N_p-3(i-1)]!}{6(N_p-3i)!}\quad(1\leqslant i\leqslant N_{path}-1) \tag{3-6}$$

特别地，声道 N_{path}仅存在 1 种组合方式。

又因为 $N_{p-i}=3$，$1\leqslant i\leqslant N_{path}-1$，所以声道 i 所包含的 3 段声道段存在的排列方式为$\dfrac{A_3^3}{2}=3$ 种；因为 $N_{p-Npath}=N_p-3N_{path}+3$，当 $N_p-3\times\dfrac{N_p}{3}\neq 0$ 时，$N_{p-Npath}=1$或 2，声道 N_{path}存在 1 种排列方式；当 $N_p-3\times\dfrac{N_p}{3}=0$ 时，$N_{p-Npath}=3$，则声道 N_{path}存在 3 种排列方式，那么 N_p 段声道段可构成的多声道平面模型组合排列数量：

$$\Sigma_{\text{multi}} = \begin{cases} \prod_{i=1}^{N_{\text{path}}-1} (3C_{N_{\text{p}}-3(i-1)}^{3}) \times 1 = \dfrac{N_{\text{p}}!}{2^{N_{\text{path}}-1} \cdot (N_{\text{p}} - 3N_{\text{path}} + 3)!} \\ \prod_{i=1}^{N_{\text{path}}-1} (3C_{N_{\text{p}}-3(i-1)}^{3}) \times 3 = \dfrac{3 \cdot N_{\text{p}}!}{2^{N_{\text{path}}-1} \cdot (N_{\text{p}} - 3N_{\text{path}} + 3)!} \end{cases}$$

$$= \begin{cases} \dfrac{N_{\text{p}}!}{2^{\frac{N_{\text{p}}}{3}} \cdot \left(N_{\text{p}} - 3 \times \dfrac{N_{\text{p}}}{3}\right)!} & \text{当 } N_{\text{p}} - 3 \times \dfrac{N_{\text{p}}}{3} \neq 0 \\ \dfrac{N_{\text{p}}!}{2^{\frac{N_{\text{p}}}{3}}} & \text{当 } N_{\text{p}} - 3 \times \dfrac{N_{\text{p}}}{3} = 0 \end{cases} \tag{3-7}$$

式(3－7)即为多声道平面模型组合排列数量 Σ_{multi} 的求解公式。

例如：当 $N_{\text{p}}=10$，$\Sigma_{\text{multi}}=\dfrac{10!}{2^{3}\times 4!}=453\,600$，表明 N_{p} 较大时，不同声道段组合排列后可得到的平面模型数量非常多。

3.3.1.4　单一声道的平面模型相邻声道段夹角计算

根据式(2－15)、式(2－16)，对组合排列后的声道 m，若其节点 $P'_{m,k}$ 为相邻声道段 k、$k+1$(与管道中心距离分别为 $d_{m,i}$、$d_{m,j}$)交点，则在节点 $P'_{m,k}$ 处同侧、异侧分布的夹角分别为

$$\beta_{m,k\text{-T}} = \arcsin\frac{2d_{m,j}}{D_{\text{p}}} - \arcsin\frac{2d_{m,i}}{D_{\text{p}}} \tag{3-8}$$

$$\beta_{m,k\text{-}Y} = \arcsin\frac{2d_{m,i}}{D_{\text{p}}} + \arcsin\frac{2d_{m,j}}{D_{\text{p}}} \tag{3-9}$$

这是多声道的单一声道平面模型相邻声道段夹角的计算公式，与单声道平面模型相邻声道段夹角的计算公式完全相同。

要实现多声道平面模型的建模与求解，需先根据给定的相关参数探索平面模型建模与求解方法，在二维层面解决多声道覆盖率问题，在计算完单一声道的相邻声道段夹角后，便可完成对声道二维平面模型的设计，最后得到的平面模型可能不唯一，这与声道段的组合排列方式相关，后续立体多声道拓扑结构设计亦将存在多种方案。

3.3.2　立体多声道拓扑结构设计

通过多声道平面模型的建模与求解可得到多个声道二维平面模型，而立体多声道拓扑结构设计将多声道二维平面模型设计成多声道三维立体声道。图 3－3

为立体多声道拓扑结构设计流程图，主要包括立体声道坐标系的建立、各声道节点坐标的求解、单一声道的相邻声道段空间夹角的计算与检验等内容。

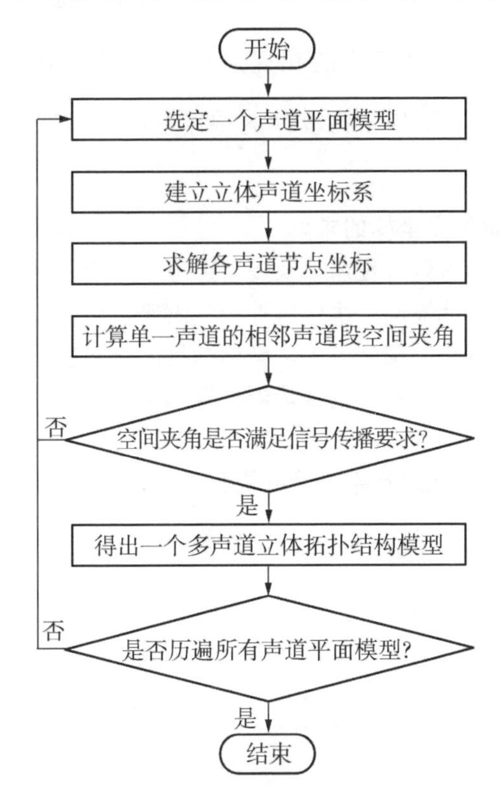

图 3－3　立体多声道拓扑结构设计流程图

3.3.2.1　立体多声道坐标系的建立

图 3－4 所示为立体多声道坐标系，以管道中心线为 z 轴，顺着流体方向为 z 轴正方向，流体入口圆截面所在平面为 xOy 面，圆截面中心为原点，以柱坐标表示各声道节点位置。

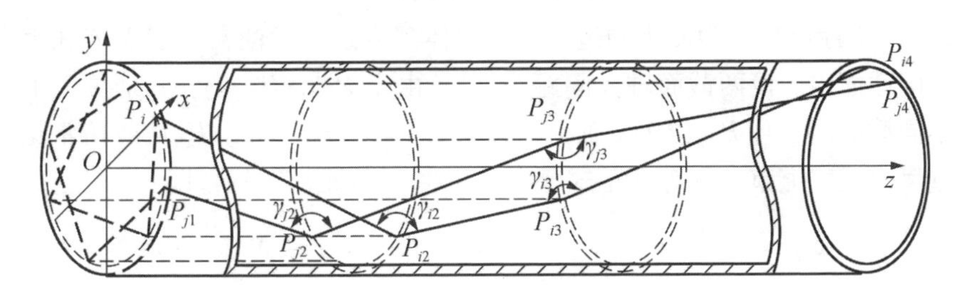

图 3－4　立体多声道坐标系

若管径为 D_p，声道数为 N_{path}，声道 i 包含 N_{p-i} 段声道段，其节点 $P_{i,j}$ 的相角为 $\varphi_{i,j}$（$0 \leqslant \varphi_{i,j} \leqslant 2\pi$），则节点 $P_{i,j}$ 坐标为 $P_{i,j}\left(\frac{D_p}{2},\varphi_{i,j},z_{i,j}\right)$，$1 \leqslant i \leqslant N_{path}$，$1 \leqslant j \leqslant N_{p-i}+1$。节点 $P_{i,j}$ 处对应的相邻声道段空间夹角为 $\gamma_{i,j}$，$1 \leqslant i \leqslant N_{path}$，$2 \leqslant j \leqslant N_{p-i}$。立体多声道拓扑结构设计的重点是确定所有 $P_{i,j}\left(\frac{D_p}{2},\varphi_{i,j},z_{i,j}\right)$ 的坐标值。

3.3.2.2　各声道节点坐标的求解

多声道节点坐标的求解过程需涉及多条声道、多个节点，此外还需考虑换能器的相对位置，避免换能器间产生位置冲突（单声道不存在位置冲突这种情况），计算过程较单声道更复杂、难度更大。坐标的具体求解过程主要包括各声道节点坐标的计算、以避免冲突为目的的换能器位置调整两方面内容。

1. 各声道节点坐标计算

(1) $\varphi_{i,j}$ 角坐标计算：由于各声道可绕管道中轴线旋转，因而可先假设节点 $P_{i,1}\left(\frac{D_p}{2},\varphi_{i,1},z_{i,1}\right)$，$1 \leqslant i \leqslant N_{path}$，该点位于 x 轴上，即 $\varphi_{i,1}=0$，$1 \leqslant i \leqslant N_{path}$。若声道段 $P_{i,1}P_{i,2}$ 与原点 O 距离为 $d_{i,k}$，引入方向判别系数 κ（当 $P_{i,j-2} \to P_{i,j-1} \to P_{i,j}$ 呈顺时针，$\kappa=-1$；当 $P_{i,j-2} \to P_{i,j-1} \to P_{i,j}$ 呈逆时针，$\kappa=1$）、范围判别系数 η（当 $0<-2\kappa\beta_{i,j-1}+\varphi_{i,j-2}<2\pi$，$\eta=0$；否则，$\eta=1$），根据式(2-19)，节点 $P_{i,j}$ 的相角 $\varphi_{i,j}$ 为：

$$\varphi_{i,j}=\begin{cases}0 & \text{当 } j=1 \\ \left.\begin{array}{ll} 2\arccos\dfrac{2d_{i,k}}{D_p} & (P_{i,2}\text{ 在 } x \text{ 轴上方}) \\ 2\pi-2\arccos\dfrac{2d_{i,k}}{D_p} & (P_{i,2}\text{ 在 } x \text{ 轴下方})\end{array}\right\} & \text{当 } j=2 \\ -2\kappa\beta_{i,j-1}+\varphi_{i,j-2}+2\kappa\eta\pi & \text{当 } 3 \leqslant j \leqslant N_{p-i}+1\end{cases} \tag{3-10}$$

式(3-10)即为多声道的各个声道节点 $\varphi_{i,j}$ 角的计算公式。

(2) $z_{i,j}$ 坐标计算：为便于制造安装，立体多声道的换能器一般安装在上下游两个不同截面内。设两截面轴向间距为 l_{AB}，由于 $P_{i,1}$、P_{i,N_p-i+1} 分别位于上下游两个不同截面内，且 $P_{i,1}$ 位于 x 轴上，故有 $z_{i,1}=0$、$z_{i,N_p-i+1}=l_{AB}$。效仿常见平面内管壁反射式声道节点的等间距式分布，可将 $z_{i,j}$ 等距离布置，即：

$$z_{i,j}=l_{AB}\frac{j-1}{N_{p-i}} \quad (1 \leqslant i \leqslant N_{path};1 \leqslant j \leqslant N_{p-i}+1) \tag{3-11}$$

计算得到 $\varphi_{i,j}$、$z_{i,j}$ 坐标后，多声道的各个声道节点 $P_{i,j}\left(\frac{D_p}{2},\varphi_{i,j},z_{i,j}\right)$ 坐标计算完成。

2. 以避免冲突为目的的换能器位置调整

上述多声道的各个声道声道节点 $P_{i,j}\left(\frac{D_{\mathrm{p}}}{2},\varphi_{i,j},z_{i,j}\right)$ 坐标是在 $\varphi_{i,1}=0$，$1\leqslant i\leqslant N_{\mathrm{path}}$ 的前提下计算得到的，但由于 $P_{i,1}$、$P_{i,Np-i+1}$ 对应的是换能器，而换能器在实际安装中不能产生位置冲突，故需对节点 $P_{i,j}\left(\frac{D_{\mathrm{p}}}{2},\varphi_{i,j},z_{i,j}\right)$ 坐标中的 $\varphi_{i,j}$ 进行调整，调整可通过整条声道绕管道中轴线旋转来实现。

彩图 3－5 为避免换能器位置冲突的声道节点坐标调整的示意图。若安装换能器需要空间的直径为 D_{TR}，对应的角度为 α_{TR}，由几何关系得：

$$\alpha_{\mathrm{TR}}=2\arccos\left[\frac{\left(\frac{D_{\mathrm{p}}}{2}\right)^{2}+\left(\frac{D_{\mathrm{p}}}{2}\right)^{2}-\left(\frac{D_{\mathrm{TR}}}{2}\right)^{2}}{2\,\frac{D_{\mathrm{p}}}{2}\cdot\frac{D_{\mathrm{p}}}{2}}\right]=2\arccos\left(1-\frac{D_{\mathrm{TR}}^{2}}{2D_{\mathrm{p}}^{2}}\right)\qquad(3-12)$$

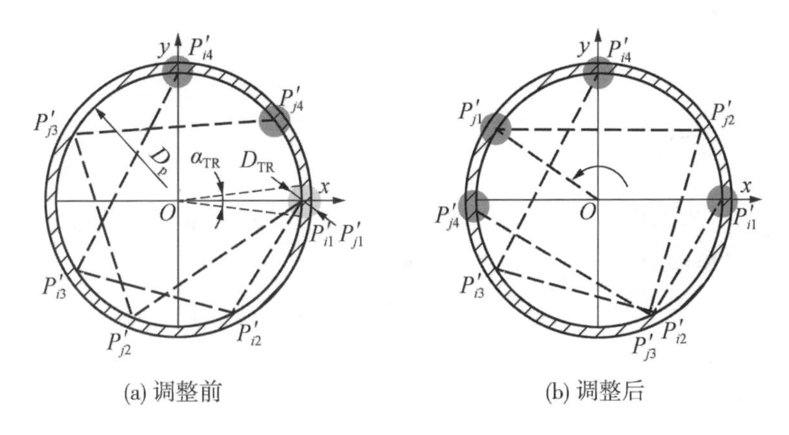

图 3－5　避免换能器位置冲突声道节点坐标调整示意图（黄色：冲突；绿色：不冲突）

整个圆周可允许安装 $\left[\frac{2\pi}{\alpha_{\mathrm{TR}}}\right]$ 个换能器，可采用等间隔式分布方式来布置节点 $P_{i,1}$ 对应的换能器，即节点 $P_{i,1}$ 的 $\varphi_{i,1}\rightarrow\varphi'_{i,1}$：

$$\varphi'_{i,1}=(i-1)\frac{\frac{2\pi}{\alpha_{\mathrm{TR}}}}{N_{\mathrm{path}}}\alpha_{\mathrm{TR}}\qquad(1\leqslant i\leqslant N_{\mathrm{path}})\qquad(3-13)$$

此时，原节点 $P_{i,j}$ 均发生 $\varphi_{i,j}\rightarrow\varphi'_{i,j}$ 的变化：

$$\varphi'_{i,j}=\varphi_{i,j}+(i-1)\frac{\frac{2\pi}{\alpha_{\mathrm{TR}}}}{N_{\mathrm{path}}}\alpha_{\mathrm{TR}}\qquad(1\leqslant i\leqslant N_{\mathrm{path}};1\leqslant j\leqslant N_{\mathrm{p}-i}+1)\qquad(3-14)$$

节点 $P_{i,1}$ 对应的换能器经过变换为式(3－13)、式(3－14)所得到的相应角度后可避免换能器位置冲突，但节点 P_{i,N_p-i+1} 对应的换能器位置仍需进一步确认。若变换后的 φ'_{i,N_p-i+1} 均满足 $|\varphi'_{i,N_p-i+1}-\varphi'_{i+1,N_p-i+1}|>\alpha_{TR}$，$1\leqslant i\leqslant N_{\text{path}}$，则 P_{i,N_p-i+1} 对应的换能器也可避免换能器位置冲突，节点坐标调整完成；若存在声道 i 不满足 $|\varphi'_{i,N_p-i+1}-\varphi'_{i+1,N_p-i+1}|>\alpha_{\text{TR}}$，$1\leqslant i\leqslant N_{\text{path}}$，需对声道 i 的 $\varphi'_{i,j}$ 作进一步调整 $\varphi'_{i,j}\rightarrow\varphi''_{i,j}$：

$$\varphi''_{i,j}=\varphi'_{i,j}+(i-1)\frac{\frac{2\pi}{\alpha_{\text{TR}}}}{N_{\text{path}}}\cdot\frac{\alpha_{\text{TR}}}{2}\qquad(1\leqslant j\leqslant N_{\text{p}-i}+1)\qquad(3-15)$$

调整后的节点 $P_{i,j}(D_p/2,\varphi''_{i,j},z_{i,j})$ 坐标可较好地避免换能器位置冲突问题。

3.3.2.3 多声道的单一声道相邻声道段空间夹角计算与检验

声道 i 的节点 $P_{i,j}$ 处相邻声道段 $\boldsymbol{P}_{i,j}\boldsymbol{P}_{i,j-1}$、$\boldsymbol{P}_{i,j}\boldsymbol{P}_{i,j+1}$ 构成空间夹角 $\gamma_{i,j}$ 可通过向量法求解，根据式(2－21)，有

$$\cos\gamma_{i,j}=\frac{[\cos(\varphi_{i,j-1}-\varphi_{i,j+1})-\cos(\varphi_{i,j-1}-\varphi_{i,j})-\cos(\varphi_{i,j}-\varphi_{i,j+1})+1]\frac{D_p^2}{4}-\frac{l_{\text{AB}}^2}{N_{\text{p}-i}^2}}{\sqrt{\frac{D_p^2[1-\cos(\varphi_{i,j}-\varphi_{i,j-1})]}{2}+\frac{l_{\text{AB}}^2}{N_{\text{p}-i}^2}}\sqrt{\frac{D_p^2[1-\cos(\varphi_{i,j}-\varphi_{i,j+1})]}{2}+\frac{l_{\text{AB}}^2}{N_{\text{p}-i}^2}}}\qquad(3-16)$$

式(3－16)即为多声道的单一声道相邻声道段空间夹角 $\gamma_{i,j}$ 的计算公式(与单声道相邻声道段空间夹角的计算公式基本一致)。

求解得到多声道的单一声道相邻声道段空间夹角后，它是否合格仍需经过空间夹角条件检验。由于超声信号传播时呈发散状，相邻声道段空间夹角 $\gamma_{i,j}$ 越大，信号耗散越严重，$\gamma_{i,j}\leqslant120°$ 的立体声道拓扑结构的信号强度可得到较好保障。由式(2－22)，有

$$\frac{[\cos(\varphi_{i,j-1}-\varphi_{i,j+1})-\cos(\varphi_{i,j-1}-\varphi_{i,j})-\cos(\varphi_{i,j}-\varphi_{i,j+1})+1]\frac{D_p^2}{4}-\frac{l_{\text{AB}}^2}{N_{\text{p}-i}^2}}{\sqrt{\frac{D_p^2[1-\cos(\varphi_{i,j}-\varphi_{i,j-1})]}{2}+\frac{l_{\text{AB}}^2}{N_{\text{p}-i}^2}}\sqrt{\frac{D_p^2[1-\cos(\varphi_{i,j}-\varphi_{i,j+1})]}{2}+\frac{l_{\text{AB}}^2}{N_{\text{p}-i}^2}}}\geqslant-0.5\qquad(3-17)$$

式(3－17)即为立体多声道的单一声道相邻声道段空间夹角的检验条件(与单声道相邻声道段空间夹角检验条件基本一致)。

满足式(3－17)多声道的单一声道相邻声道段空间夹角检验要求的多声道立体拓扑结构设计最终模型数量可能较多。根据式(3－17)，在设计多声道平面模型时，可尽量选择 d_i 值较接近的声道段进行组合排列，这样立体多声道声道段的空间夹角相对较小，易满足空间夹角 $\gamma_{i,j}\leqslant120°$ 的要求。

3.3.3　多声道的单一声道流速加权系数的确定

得到多声道的立体拓扑结构后，各条声道需要根据各自的拓扑特点，差异化地体现在整个多声道流量测量中的贡献分量，各声道的贡献分量可通过流速加权系数体现。多声道的单一声道流速加权系数与该声道的结构相关。

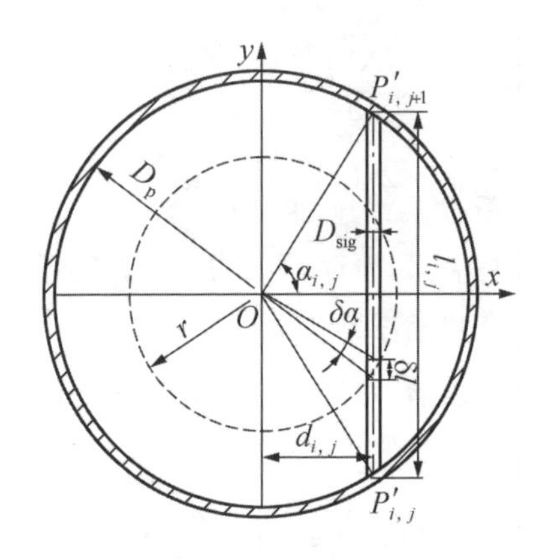

图 3－6　声道段 $d_{i,j}$加权系数计算示例图

多声道的单一声道 i 由 N_{p-i}段声道段(声道段 $P_{i,j}P_{i,j+1}$与原点 O 距离为 $d_{i,j}$)构成，对其中一段声道段 $P_{i,j}P_{i,j+1}$在管道横截面的投影为 $P'_{i,j}P'_{i,j+1}$(见图 3－6)，流速在横截面上关于 r 的分布函数为 $v(r)$，若 $P'_{i,j}P'_{i,j+1}$长度为 $l_{i,j}$，对应圆心角为 $2\alpha_{i,j}$，$P'_{i,j}P'_{i,j+1}$区域流体平均流速为 $\bar{v}_{i,j}$，则通过 $P'_{i,j}P'_{i,j+1}$的流量 $Q_{i,j}\approx\bar{v}_{i,j}l_{i,j}D_{sig}$。特别地，对位于 r 处微元 δl，若微元区域流速为 δv，则通过该微元流量 $\delta Q\approx\delta v\delta lD_{sig}$。又因为 $l_{i,j}=2d_{i,j}\tan\alpha_{i,j}$，可推得 $\delta l=\dfrac{2\delta\alpha d_{i,j}}{\cos^2(\delta\alpha)}$，因此 $\delta Q\approx\dfrac{2\delta vD_{sig}\delta\alpha d_{i,j}}{\cos^2(\delta\alpha)}$，两边积分得：

$$Q_{i,j}\approx\int_{-\alpha_{i,j}}^{\alpha_{i,j}}\frac{2v(r)D_{sig}d_{i,j}}{\cos^2\alpha}\mathrm{d}\alpha$$

$$Q_{i,j}\approx\bar{v}_{i,j}l_{i,j}D_{sig}\Rightarrow\bar{v}_{i,j}l_{i,j}D_{sig}=\int_{-\alpha_{i,j}}^{\alpha_{i,j}}\frac{2v(r)D_{sig}d_{i,j}}{\cos^2\alpha}\mathrm{d}\alpha,\text{故}$$

$$\bar{v}_{i,j}=\frac{\int_{-\alpha_{i,j}}^{\alpha_{i,j}}2v(r)D_{sig}\dfrac{d_{i,j}}{\cos^2\alpha}\mathrm{d}\alpha}{l_{i,j}D_{sig}}=\frac{\int_{-\alpha_{i,j}}^{\alpha_{i,j}}2v(r)\dfrac{d_{i,j}}{\cos^2\alpha}\mathrm{d}\alpha}{l_{i,j}}\tag{3-18}$$

对由 N_{p-i}段声道段构成的单一声道 i，其覆盖区域平均流速为

$$\bar{v}_i = \frac{\sum_{j=1}^{N_{p-i}} \int_{-\alpha_{i,j}}^{\alpha_{i,j}} 2v(r) \frac{d_{i,j}}{\cos^2\alpha} d\alpha}{\sum_{j=1}^{N_{p-i}} l_{i,j}} \quad (1 \leqslant j \leqslant N_{p-i}) \tag{3-19}$$

若截面平均流速为 $\bar{v}$，声道 i 加权系数为 ω_i，由 $\bar{v} = \omega_i \bar{v}_i \Rightarrow \omega_i = \frac{\bar{v}}{\bar{v}_i}$，即

$$\omega_i = \frac{\bar{v}}{\bar{v}_i} = \bar{v} \frac{\sum_{j=1}^{N_{p-i}} l_{i,j}}{\sum_{j=1}^{N_{p-i}} \int_{-\alpha_{i,j}}^{\alpha_{i,j}} 2v(r) \frac{d_{i,j}}{\cos^2\alpha} d\alpha} \quad (1 \leqslant j \leqslant N_{p-i}) \tag{3-20}$$

若流体动力黏度系数为 μ_{fluid}，流体密度为 ρ_{fluid}，雷诺数为 Re，范宁摩擦系数 $f = 0.79Re^{-0.25}$[86]，管道当量粗糙系数为 k_δ，则有：

① 当 $Re \leqslant 2300$，管内流体为层流流动状态，越靠近管壁，流速越小，此时[87]

$$v(r) = 2\bar{v}\left(1 - \frac{4r^2}{D_p^2}\right) \tag{3-21}$$

②当 $Re > 2300$，管内流体为湍流流动状态，横截面内流体分为层流底层、过渡层、湍流核心区三个区域，其中，层流底层（厚度 $h_{\text{lf}} = 34.2D_p/Re^{0.875}$）紧靠圆管内壁，厚度较小；过渡层为层流至湍流过渡态，一般作湍流考虑；湍流核心区流体是充分发展湍流状态[88]。不同区域内 $v(r)$ 与管道内壁是否粗糙有关。

若管道内壁光滑，层流底层 $v(r)$ 为[87-90]

$$v(r) = \frac{32}{Re} \frac{\rho_{\text{fluid}}}{\mu_{\text{fluid}}} \left(\frac{D_p}{2} - r\right) \bar{v}^2 \quad \left(r > \frac{D_p}{2} - \frac{34.2D_p}{Re^{0.875}}\right) \tag{3-22}$$

过渡层、湍流核心区 $v(r)$ 为[88-91]

$$v(r) = \bar{v}\sqrt{\frac{f}{2}}\left\{5.5 + 5.75\lg\left[\frac{\rho_{fluid}}{\mu_{fluid}}\sqrt{\frac{f}{2}}\left(\frac{D_p}{2} - r\right)\bar{v}\right]\right\} \quad \left(r \leqslant \frac{D_p}{2} - \frac{34.2D_p}{Re^{0.875}}\right) \tag{3-23}$$

若管道内壁粗糙，层流底层在管内部受干扰被破坏，与过渡层、湍流核心区均有[88-91]

$$v(r) = \bar{v}\sqrt{\frac{f}{2}}\left(8.48 + 5.75\lg\frac{\frac{D_p}{2} - r}{k_\delta}\right) \tag{3-24}$$

将式(3-21)～式(3-24)分别代入式(3-20)，有：

① 当 $Re \leqslant 2300$ 时，多声道的单一声道 i 的流速加权系数为：

$$\omega_i = \frac{\bar{v}}{\bar{v}_i} = \frac{\bar{v}\sum_{j=1}^{N_{p-i}} l_{i,j}}{\sum_{j=1}^{N_{p-i}}\int_{-\alpha_{i,j}}^{\alpha_{i,j}} \frac{2\times 2\bar{v}\left(1-\frac{4r^2}{D_p^2}\right)d_{i,j}}{\cos^2\alpha}\mathrm{d}\alpha}, (1 \leqslant j \leqslant N_{p-i})$$

又因为 $r=\frac{d_{i,j}}{\cos\alpha}$，代入上式化简得

$$\omega_i = \frac{\sum_{j=1}^{N_{p-i}} l_{i,j}}{\sum_{j=1}^{N_{p-i}}\int_{-\alpha_{i,j}}^{\alpha_{i,j}}\left(\frac{4\bar{v}d_{i,j}}{\cos^2\alpha}-\frac{16\bar{v}d_{i,j}^3}{D_p^2\cos^4\alpha}\right)\mathrm{d}\alpha} = \frac{\sum_{j=1}^{N_{p-i}} l_{i,j}}{\sum_{j=1}^{N_{p-i}}\left(2l_{i,j}+\frac{2l_{i,j}^3}{3D_p^2}-\frac{8d_{i,j}^2 l_{i,j}}{D_p^2}\right)}$$

又因为 $l_{i,j}=\sqrt{\frac{D_p^2}{4}-d_{i,j}^2}\Rightarrow$

$$\omega_i = \frac{\sum_{j=1}^{N_{p-i}}\sqrt{D_p^2-4d_{i,j}^2}}{\sum_{j=1}^{N_{p-i}}\left[2\sqrt{D_p^2-4d_{i,j}^2}+\frac{\frac{2}{3}\left(\frac{D_p^2}{4}-d_{i,j}^2\right)^{\frac{3}{2}}-8d_{i,j}^2\sqrt{\frac{D_p^2}{4}-d_{i,j}^2}}{D_p^2}\right]} \tag{3-25}$$

②当 $Re>2300$ 时，$h_{lf}=\frac{34.2D_p}{Re^{0.875}}<0.0391D_p$，且 h_{lf} 随 Re 的增大呈指数级减小变化，因而可将整个截面以过渡层、湍流核心区流速 $v(r)$ 计算 ω_i。

若管道内壁光滑，多声道的单一声道 i 的流速加权系数为

$$\omega_i = \frac{\sum_{j=1}^{N_{p-i}}\sqrt{D_p^2-4d_{i,j}^2}}{\sqrt{\frac{f}{2}}\sum_{j=1}^{N_{p-i}}\left\{\left[11+11.5\lg\left(\frac{2\bar{v}\rho_{\text{fluid}}}{e\mu_{\text{fluid}}}\sqrt{\frac{f}{2}}\right)\right]\sqrt{D_p^2-4d_{i,j}^2}+11.5D_p\lg\left(\frac{D_p-\sqrt{D_p^2-4d_{i,j}^2}}{2d_{i,j}}\right)\right\}} \tag{3-26}$$

若管道内壁粗糙，多声道的单一声道 i 的流速加权系数为

$$\omega_i = \frac{\sum_{j=1}^{N_{p-i}}\sqrt{D_p^2-4d_{i,j}^2}}{\sqrt{\frac{f}{2}}\sum_{j=1}^{N_{p-i}}\left\{\left[16.96+11.5\lg\left(\frac{2}{ek_\delta}\right)\right]\sqrt{D_p^2-4d_{i,j}^2}+11.5D_p\lg\left(\frac{D_p-\sqrt{D_p^2-4d_{i,j}^2}}{2d_{i,j}}\right)\right\}} \tag{3-27}$$

式(3－25)～式(3－27)为多声道中单一声道 i 的流速加权系数的计算公式。例如，当 $Re=1.17\times10^5$，$D_p=100$ mm，$N_{p-i}=3$，$d_{i,1}=3$ mm、$d_{i,2}=11.8$ mm、$d_{i,3}=20.6$ mm，$k_\delta=0.1$ mm，管道内壁粗糙时，$f\approx4.2715\times10^{-2}$，$\omega_i\approx0.4777$。

各声道流速加权系数后，若声道 i 测量流速为 v_i，则多声道测量流量公式为：

$$Q_{\text{multi}} = \frac{\pi D_p^2}{4}\sum_{i=1}^{N_{\text{path}}}(\omega_i v_i) \tag{3-28}$$

3.4 立体多声道设计案例

立体多声道超声流量计的声道数目可为多条，变化灵活，适用于中大管径管道系统中的流体流量测量。下面将在探索研究多声道平面模型的建模与求解、立体多声道拓扑结构的设计方法的基础上，进行中大管径管道系统下的立体多声道设计探究，以便验证本书多声道设计理论的有效性、可行性、先进性。

3.4.1 设计要求

对管径 $D_p = 100$ mm、换能器轴向间距 $l_{AB} = 120$ mm、声道宽 $D_{sig} = 6$ mm 的管道系统进行立体多声道设计，管道内壁粗糙度 $k_\delta = 0.1$ mm，安装换能器需要空间直径 $D_{TR} = 10$ mm，介质为水，流体动力黏度系数为 $\mu_{fluid} = 8.54 \times 10^{-4}$ kg/(m · s)，流体密度为 $\rho_{fluid} = 996.799$ kg/m^3，目标设计声道将用于湍流状态($Re = 1.17 \times 10^5$)流量测量，其期望技术指标覆盖率 $\zeta = 0.7$。

3.4.2 多声道平面模型的建模与求解

1. 最少声道段数的计算

由式(3-2)，得期望技术指标覆盖率 $\zeta = 0.7$ 时声道段数 $N_p \geq \left[\frac{0.7\pi \times 100}{8 \times 6}\right] + 1 = 5$，取 $N_p = 5$。

2. 各声道段与管道中心距离的求解及最终覆盖率的确定

由式(3-3)、式(2-8)，分别求得各声道段与管道中心距离、覆盖率(结果见表3-1)。

表3-1 各声道段与管道中心距离及覆盖率($N_p = 5$)

d_1	d_2	d_3	d_4	d_5	ζ_{design}	备注
3 mm	14 mm	25 mm	36 mm	47 mm	0.59	$\zeta_u < 0.7$

因 $\zeta_{design} = 0.59 < 0.7$，故增大声道段数，取 $N_p = 6$，此时声道段与管道中心距离、覆盖率如表3-2所示。

表3-2 各声道段与管道中心距离及覆盖率($N_p = 6$)

d_1	d_2	d_3	d_4	d_5	d_6	ζ_{design}	备注
3 mm	11.8 mm	20.6 mm	29.4 mm	38.2 mm	47 mm	0.71	$\zeta_u > 0.7$

$\zeta_{design}=0.71>0.7$，$N_p=6$ 可满足声道覆盖率要求。

3. 声道数目及平面模型组合排列数的计算

由式(3－4)有 $N_{path}=\frac{N_p}{3}=2$；由式(3－5)得声道1、2包含的声道段数 $N_{p-1}=3$、$N_{p-2}=3$；由式(3－6)得声道1存在 $C_6^3=20$ 种组合，声道2为声道1选定后余下声道段1种组合；由式(3－7)得多声道平面模型存在 $\sum_{multi}=\frac{6!}{2^{\frac{6}{3}}}=180$ 种组合排列，例如，声道1 $=d_1-d_2-d_3$、声道2 $=d_4-d_5-d_6$；声道1 $=d_1-d_3-d_2$、声道2 $=d_4-d_6-d_5$。

4. 单一声道平面模型相邻声道段夹角的计算

对 $d_1=3$ mm、$d_2=11.8$ mm、$d_3=20.6$ mm、$d_4=29.4$ mm、$d_5=38.2$ mm、$d_6=47$ mm 的6段声道，由式(3－8)、式(3－9)，可构成的相邻夹角大小如表3－3所示。

表3－3　单一声道平面模型相邻声道段夹角　　单位：(°)

相邻夹角	构成夹角的单一声道平面模型相邻声道							
	d_1、d_2	d_1、d_3	d_1、d_4	d_1、d_5	d_1、d_6	d_2、d_3	d_2、d_4	d_2、d_5
同侧 $\beta_{m,k-T}$	10.21	20.89	32.58	46.38	66.61	10.68	22.36	36.17
异侧 $\beta_{m,k-Y}$	17.09	27.77	36.46	53.26	73.49	37.98	49.67	63.47
	d_2、d_6	d_3、d_4	d_3、d_5	d_3、d_6	d_4、d_5	d_4、d_6	d_5、d_6	
同侧 $\beta_{m,k-T}$	56.40	11.68	25.49	45.72	13.80	34.04	20.23	
异侧 $\beta_{m,k-Y}$	83.70	60.35	74.15	94.38	85.83	106.07	119.87	

考虑单一声道平面模型相邻声道段夹角的同/异侧分布时，存在 $180\times16=2\,880$ 种多声道平面模型。下面以 d_i 较接近的两个平面模型(模型Ⅰ：声道1 $=d_1\sim d_2-d_3$、声道2 $=d_4\sim d_5\sim d_6$；模型Ⅱ：声道1 $=d_1\sim d_3-d_2$、声道2 $=d_4\sim d_6-d_5$)为代表，进行后续立体多声道拓扑结构设计，以作算例。

3.4.3　立体多声道拓扑结构设计

1. 各声道节点坐标计算

对模型Ⅰ、Ⅱ，当 $\varphi_{1,1}=0$，$\varphi_{2,1}=0$ 时，其对应的多声道平面模型如图3－7所示。

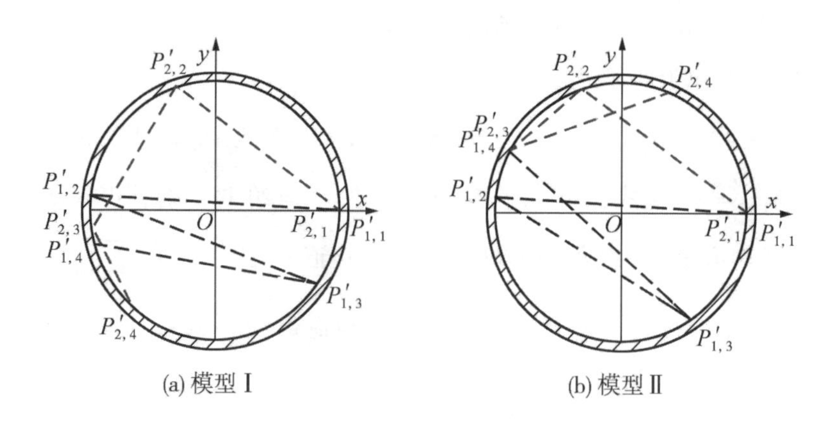

图 3－7　多声道平面模型示例

根据式(3－10)、式(3－11)，计算得各声道节点坐标(见表 3－4)。

表 3－4　各声道节点坐标

声道模型	声道序号	$\varphi_{i,j}$角坐标/(°)				$z_{i,j}$坐标/mm			
		$\varphi_{i,1}$	$\varphi_{i,2}$	$\varphi_{i,3}$	$\varphi_{i,4}$	$z_{i,1}$	$z_{i,2}$	$z_{i,3}$	$z_{i,4}$
模型Ⅰ	声道 1	0	173.12	325.82	194.48	0	40	80	120
	声道 2	0	107.97	188.34	228.23	0	40	80	120
模型Ⅱ	声道 1	0	173.12	304.46	151.76	0	40	80	120
	声道 2	0	107.97	147.86	67.51	0	40	80	120

2. 换能器位置冲突避免

表 3－4 中各节点坐标均是 $\varphi_{i,1}=0$ 下的坐标值，需进一步调整以避免换能器空间位置冲突。由式(3－12)得 $\alpha_{TR}=11.46°$，根据式(3－13)～式(3－15)可得各节点调整后的坐标(见表 3－5)。

表 3－5　各声道节点调整后坐标

声道模型	声道序号	$\varphi_{i,j}$角坐标/(°)				$z_{i,j}$坐标/mm			
		$\varphi_{i,1}$	$\varphi_{i,2}$	$\varphi_{i,3}$	$\varphi_{i,4}$	$z_{i,1}$	$z_{i,2}$	$z_{i,3}$	$z_{i,4}$
模型Ⅰ	声道 1	0	173.12	325.82	194.48	0	40	80	120
	声道 2	177.63	285.60	5.97	45.86	0	40	80	120
模型Ⅱ	声道 1	0	173.12	304.46	151.76	0	40	80	120
	声道 2	177.63	285.60	325.49	245.14	0	40	80	120

调整后模型Ⅰ：$|\varphi'_{1,4}-\varphi'_{2,4}|=148.62°>11.46°$，模型Ⅱ：$|\varphi'_{1,4}-\varphi'_{2,4}|=93.38°>11.46°$，故各声道节点坐标均不会导致换能器出现位置空间冲突，调整后多声道平面模型如彩图 3－8 所示。

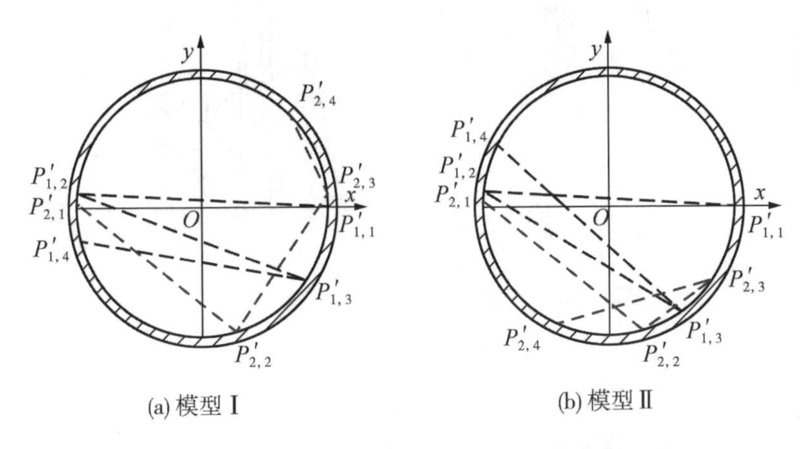

图 3－8　调整后的多声道平面模型示例

3. 多声道的单一声道相邻声道段空间夹角的计算与检验

由式(3－17)可得多声道的单一声道相邻声道段空间夹角的余弦值，其结果及验证情况如表 3－6 所示。

表 3－6　单一声道相邻声道段空间夹角的计算结果与验证

$\cos\gamma_{i,j}$	模型Ⅰ		模型Ⅱ	
	声道 1	声道 2	声道 1	声道 2
$\cos\gamma_{i,2}$	0.68	－0.18	0.60	－0.49
$\cos\gamma_{i,3}$	0.68	－0.68	0.68	0.12
$\cos\gamma_{i,j}\geqslant-0.5$?	√	×	√	√

从表中数据可判断模型Ⅰ的声道 2 不满足 $\cos\gamma_{i,j}\geqslant-0.5$，故模型Ⅰ未能通过检验。通过检验的模型Ⅱ，其中，声道 1：$P_{1,1}(50,0,0)\rightarrow P_{1,2}(50,173.12°,40)\rightarrow P_{1,3}(50,304.46°,80)\rightarrow P_{1,4}(50,151.76°,120)$，声道2：$P_{2,1}(50,177.63°,0)\rightarrow P_{2,2}(50,285.6°,40)\rightarrow P_{2,3}(50,325.49°,80)\rightarrow P_{2,4}(50,245.14°,120)$，对应的立体多声道拓扑结构如彩图 3－9 所示。

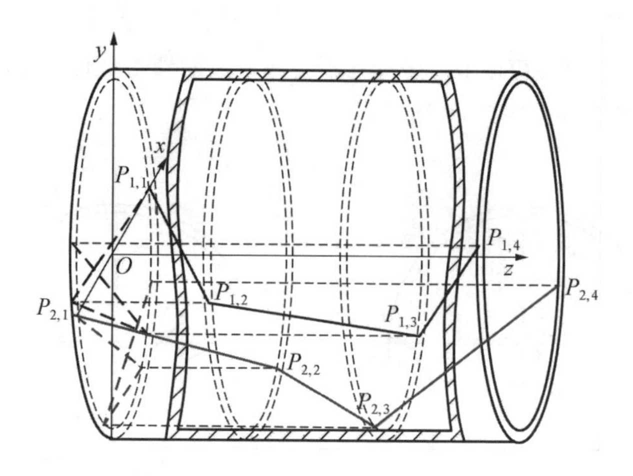

图 3-9 立体多声道拓扑结构示例

3.4.4 多声道的单一声道流速加权系数确定

因管道内壁粗糙（$k_\delta=0.1$ mm），$Re=1.17\times10^5$，由式（3-26）得 $\omega_1\approx0.4777$、$\omega_2\approx0.4243$，由式(3-28)有

$$Q_{\text{multi}}\approx7.854\times10^{-3}\times(0.4777v_1+0.4243v_2)\ (\text{m}^3/\text{s})$$

多声道的单一声道流速加权系数确定后，立体多声道拓扑结构设计完成。

设计声道与常用代表性多声道数目、平均声道反射次数、覆盖率的对比如表 3-7 所示。

表 3-7 设计声道与常用代表性多声道数目、平均声道反射次数、覆盖率对比表($N_p=6$)

多声道类型	设计声道	直射平行式声道	交叉式声道(3 条 V 形声道组合)
声道数目 N_{path}	2	6	3
平均声道反射次数 $\overline{N}_{\text{reflex}}$	2	0	1
覆盖率 ζ	0.71	0.71	0.13

可以看出：在 $D_p=100$ mm、$l_{AB}=120$ mm 时，$N_{\text{path-design}}<N_{\text{path-cross}}<N_{\text{path-parallel}}$，能有效减少声道，减少换能器；尽管 $\overline{N}_{\text{reflex-design}}>\overline{N}_{\text{reflex-cross}}>\overline{N}_{\text{reflex-parallel}}$，但设计声道在设计过程已考虑 $\overline{N}_{\text{reflex-design}}\leqslant2$、$\gamma_{i,j}\leqslant120°$，可满足信号耗散要求；设计声道要达到 $\zeta_{\text{design}}=\zeta_{\text{parallel}}$，仅需换能器数量为$\dfrac{N_{\text{TR-design}}}{N_{\text{TR-parallel}}}=\dfrac{2}{6}=$

$\frac{1}{3}$，此外，设计声道用$\frac{N_{TR-design}}{N_{TR-cross}} \approx 0.67$的换能器数量，实现超过交叉式声道$\frac{\zeta_{design}}{\zeta_{cross}} \approx 5.46$倍的覆盖率，表明设计声道可降低换能器数量并保证声道对流场的高覆盖。因此，本方法所设计多声道在减少声道数目的同时可提升声道对流场变化的适应力，先进性比较明显。

3.5　本章小结

本章主要内容包括：

(1)提出时差式超声流量计多声道的性能评价指标与相应的物理意义。提出声道数目N_{path}是衡量多声道拓扑结构复杂程度、体现拓扑结构流量计成本的指标，N_{path}越大，声道拓扑结构越复杂，流量计成本越高；提出平均声道反射次数$\overline{N}_{reflex}$是衡量信号沿多声道传播平均耗散程度的重要指标，$\overline{N}_{reflex}$越大，信号传播的平均耗散程度越高。此外，多声道结构中的声道覆盖率ζ、流量测量平均相对误差$\bar{\varepsilon}$、流量测量标准误差σ等指标，与单声道的相同或类似。

(2)系统研究时差式超声流量计的多声道平面模型的建模与求解方法，在二维层面解决多声道覆盖率问题。多声道平面模型的建模与求解方法与单声道的相类似，但声道段数更多、难度更大，在推导声道数目、各声道包含声道段数、多声道平面模型组合排列数量计算公式的基础上，将所有声道段分组，各组声道段组成一条声道，可获得多个多声道平面模型。

(3)探索性研究时差式超声流量计的立体多声道拓扑结构的设计方法。该探索研究过程与单声道类似，采用通用$\varphi_{i,j}$角、$z_{i,j}$坐标计算公式计算各个声道节点坐标，并进一步研究以避免换能器出现位置冲突问题为目的的节点坐标调整方法，整条声道绕管道中轴线旋转实现位置调整，推导出节点坐标调整计算公式；探索性研究多声道的单一声道流速加权系数确定方法，基于各自拓扑特点差异化地体现各条声道在整个多声道流量测量中的贡献分量。

(4)系统进行立体多声道设计案例推演，验证超声流量计立体多声道设计方法的有效性、可行性与先进性。对管径$D_p=100$ mm、换能器轴向间距$l_{AB}=120$ mm、声道宽$D_{sig}=6$ mm的流量计系统进行立体多声道设计，其期望技术指标覆盖率$\zeta=0.7$。研究表明，设计声道在与平行式声道覆盖率一致时，所需换能器的数量仅为平行式声道的1/3，此外，设计声道仅用交叉多声道换能器数量的67%，覆盖率便可实现超过交叉多声道的5.46倍，表明所设计的多声道在减少声道数目的同时，可提升声道对流场变化的适应力，先进性较明显。

第 4 章　基于 CFD 的流动调整器评价方法及流场优化策略

4.1　引言

本书已于第 1 章绪论中指出时差式超声流量计是制造工业过程控制等领域的重要装备之一，其准确度主要受声道结构、测量流场充分发展程度影响，其中针对声道结构设计问题的研究已在第 2、3 章进行介绍，测量流场充分发展程度问题的相关研究将在本章加以论述。由于超声流量测量对所测量流场的环境比较敏感，漩涡、不对称流等不充分发展流场会引起测量结果偏差，通常流体在流量计上游需经过稳流处理。虽然通过流动调整器加速不规则流体稳定、充分发展已然成为普遍方法，但不同结构流动调整器专一性均较强，对其应用于不同类型流体的适用性的相关分析还有所欠缺。此外，流动调整器性能评价与流量计型号关联，也成为制约流动调整器设计、兼容、推广的主要障碍，研究声道设计及调整器流场优化等流量测量基础理论与共性关键技术是具有探索性、意义深远的工作。

为此，本章将重点探讨基于 CFD 的流动调整器评价方法及流场优化策略，采用计算流体力学(computational fluid dynamics，CFD)数值模拟技术，探索流动调整器的性能评价方法，重点开展典型流动调整器性能仿真与结构优化研究，并基于正交设计理论，进行组合式流动调整器方案设计。

4.2　基于 CFD 的流动调整器性能评价方法

基于 CFD 的流动调整器性能评价方法，以解决现有评价方法与流量计型号关联、参数较多、计算量较大、各参数着眼点各不相同等问题为目标，首先根据实际管道系统建立流动调整器通用研究模型，然后采用 CFD 数值模拟技术，获取调整器下游流速信息，并计算其与充分发展流速的误差，进而分析调整器整流性能，提出调整器结构优化策略。其主要内容包括基于 CFD 的流动调整器性能评价方法思想框架、基于 CFD 的流动调整器性能评价方法。

4.2.1　基于 CFD 的流动调整器性能评价方法思想框架

基于 CFD 的流动调整器性能评价方法的思想框架如图 4 - 1 所示，包括：①通用流动调整器研究模型构建方法；②调整器下游流速获取技术；③流动调整器性能评价与结构优化技术。其中，通用流动调整器研究模型构建技术：对复杂多变的实际管道系统进行简化，是整个研究流动调整器性能与结构优化的基础；

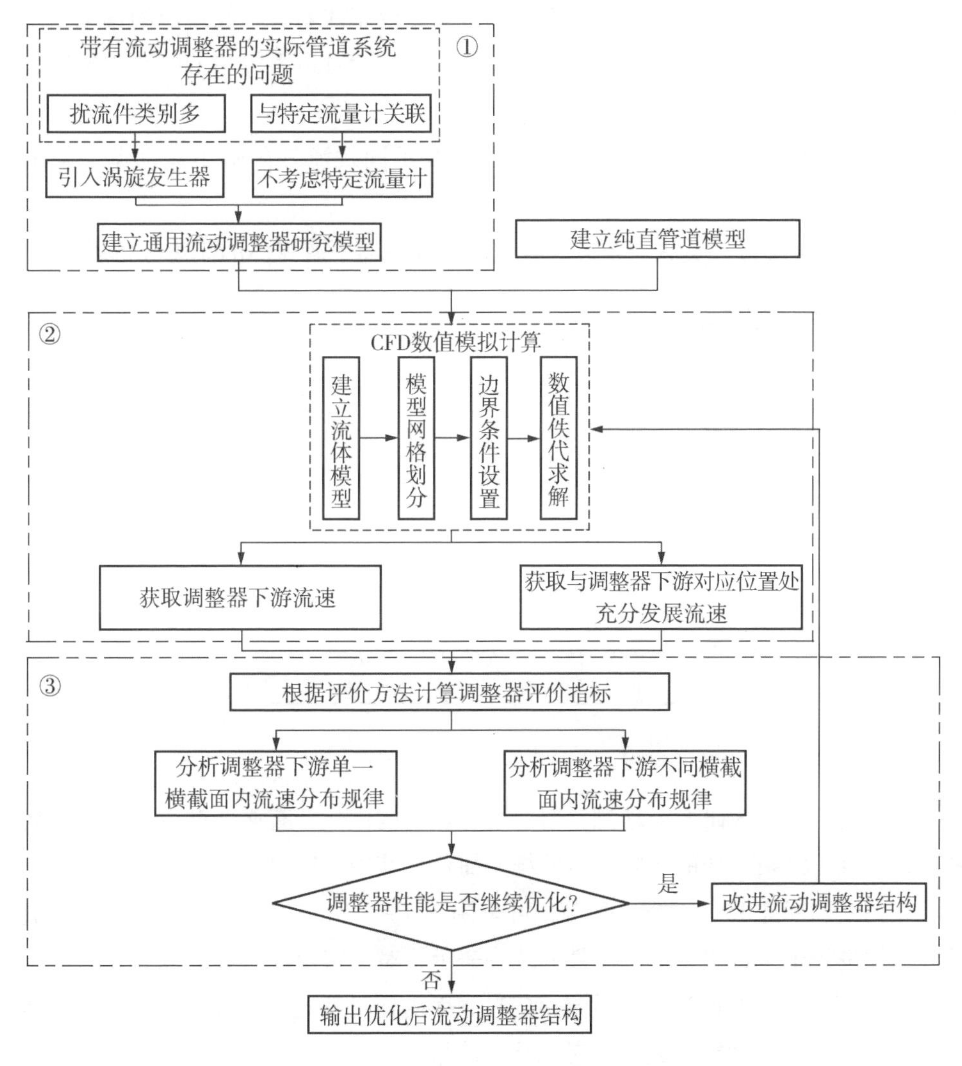

图 4 - 1　基于 CFD 的流动调整器性能评价方法思想框架

调整器下游流速获取技术：采用 CFD 技术模拟不同工况下流动调整器的运行过程，是研究流动调整器性能及结构优化的重要技术手段；流动调整器性能仿真分析与优化技术：分析调整器不同位置处的流速分布规律，是研究流动调整器性能及结构优化的目标。

4.2.1.1　通用流动调整器研究模型的构建方法

构建通用流动调整器研究模型，需要对复杂多变的实际管道系统进行简化，这是研究流动调整器性能及结构优化的重要基础。图 4－2 所示为带流动调整器的实际管道系统，流体从入口进入管道系统后，在流量计上游的流动过程中可能会受变截面管、弯管、阀门等扰流件的干扰而形成流体畸变，经过流动调整器整流处理后，才能被特定的流量计较准确测量。该实际管道系统中的流动调整器性能研究，主要存在的问题有：

Ⅰ. 扰流件类别变化多，难以较全面了解不同扰流件影响下流动调整器的性能；

Ⅱ. 与特定流量计关联，难以较系统了解调整器下游流体的流速分布规律。

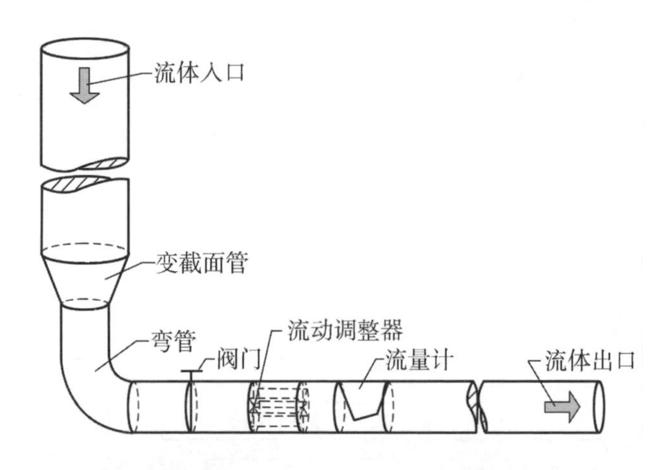

图 4－2　带流动调整器的实际管道系统

为全面、系统地研究流动调整器的性能及结构优化，有必要解决上述两个问题，以实现对复杂多变的实际管道系统的简化。其中，针对扰流件类别变化多问题，根据欧洲标准 EN 14154—3[91]，可采用图 4－3 所示的涡旋发生器模拟扰流件对流体进行干扰，实现对扰流件的统一表示；对与特定流量计关联问题，由于 CFD 技术可便捷获取调整器下游流速信息，无需通过特定流量计体现，故在基于 CFD 的流动调整器性能研究中不考虑特定流量计。

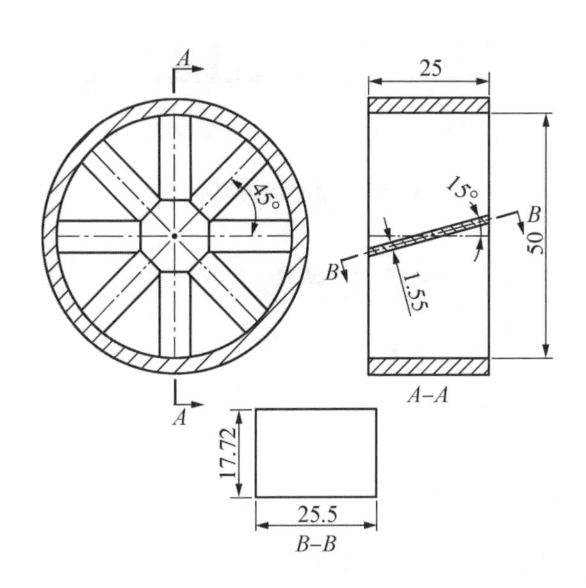

图4－3　涡旋发生器结构示例(D_p =50，单位：mm)

图4－4所示为本书提出的实际管道系统经简化后得到的通用流动调整器研究模型。流程是：流体进入管道系统→5D_p直管(稳定流场)→涡旋发生器(模拟产生流体畸变)→5D_p直管(稳定流场)→流动调整器→研究下游流速分布规律。

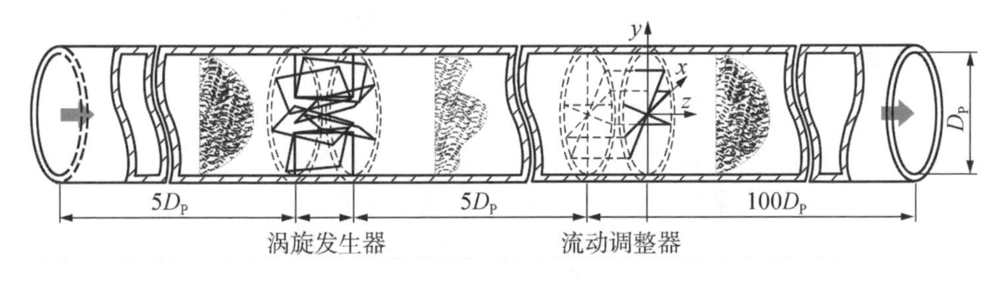

图4－4　通用流动调整器研究模型

4.2.1.2　调整器下游流速信息获取技术

调整器下游流速获取技术，可以采用CFD技术模拟不同工况下流动调整器的运行过程，通过CAD软件(如Creo)建立流体三维模型(见彩图4－5)，再用ICEM软件对模型进行网格划分(见彩图4－6)，导入FLUENT软件进行数值迭代求解，便可得到调整器下游流速信息，即完成调整器下游流速信息的获取。

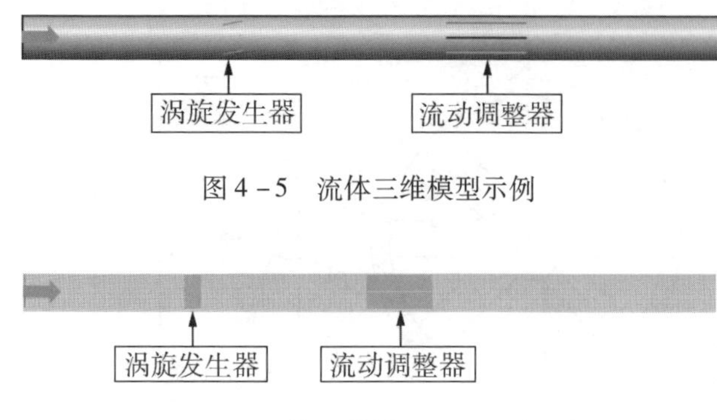

图 4－5　流体三维模型示例

图 4－6　流体三维模型网格划分示例

4.2.2　基于 CFD 的流动调整器性能评价方法

基于 CFD 的流动调整器性能评价方法，是在仿真得到调整器下游流速分布信息的基础上进行的，其核心思想是通过计算调整器下游流速与充分发展流速的误差，再衡量调整器性能。主要过程包括：①采样点流速的提取；②评价指标的确定与计算。

4.2.2.1　采样点流速的提取

提取采样点流速首先需确定各采样点坐标。为保证采样提取到的流速可较好体现调整器下游流速分布规律，采样点坐标确定应遵循位置分布均匀、数目越多越好、各横截面内分布一致等原则。

图 4－7 所示为采样点坐标确定图，若在调整器下游 N_z 个横截面内进行流速采样，其中在 Plane：$z=z_k$ 处，$1\leqslant k\leqslant N_z$，等距离设立 N_r 个节圆，各节圆等角度选取 N_φ 个采样点，则采样点 $P_{i,j,k}(r_i\cdot\varphi_j,z_k)$的各坐标为：

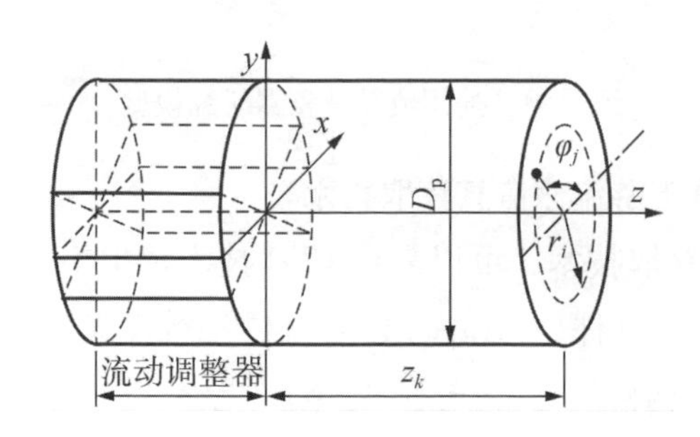

图 4－7　采样点坐标确定图

$$\begin{cases} r_i = \dfrac{0.5D_p \cdot i}{N_r + 1} & (1 \leqslant i \leqslant N_r) \\ \varphi_j = \dfrac{2\pi(j-1)}{N_\varphi} & (1 \leqslant j \leqslant N_\varphi) \\ z_k = z_k \end{cases} \tag{4-1}$$

为配合FLUENT软件，采样点坐标以笛卡尔坐标形式输入，依据 $x_i = r_i\cos\varphi_j$、$y_i = r_i\sin\varphi_j$ 转换规则，将 $P_{i,j,k}(r_i, \varphi_j, z_k)$ 转换为 $P_{i,j,k}(x_i, y_j, z_k)$，即

$$\begin{cases} x_i = \dfrac{0.5D_p\cos\left[\dfrac{2\pi(j-1)}{N_\varphi}\right]i}{N_r + 1} & (1 \leqslant i \leqslant N_r, 1 \leqslant j \leqslant N_\varphi) \\ y_i = \dfrac{0.5D_p\sin\left[\dfrac{2\pi(j-1)}{N_\varphi}\right]i}{N_r + 1} & (1 \leqslant i \leqslant N_r, 1 \leqslant j \leqslant N_\varphi) \\ z_k = z_k \end{cases} \tag{4-2}$$

特别地，截面中心处采样点坐标为 $P_{0,0,k}(0,0,z_k)$。

4.2.2.2 评价指标的确定计算

流速误差是重要评价指标，它定义为相同采样点 $P_{i,j,k}(r_i, \varphi_j, z_k)$ 处，流动调整器下游流速 $\boldsymbol{v}_{i,j,k}$ 与充分发展流速 $\boldsymbol{v}_{i,j,k}$ 的矢量差 $|\boldsymbol{v}_{i,j,k} - \boldsymbol{v}'_{i,j,k}|$，包括总体累计流速误差 ε_Σ、单一截面累计流速误差 $\varepsilon_{\Sigma-z_k}$、单一截面不同节圆平均累计流速误差 $\bar{\varepsilon}_{\Sigma-z_k,r_i}$。

(1)总体流速累计误差 ε_Σ：对所有采样点处的流速误差进行累计，有

$$\varepsilon_\Sigma = \sum_{k=1}^{N_z}\sum_{i=0}^{N_i}\sum_{j=0}^{N_j} |\boldsymbol{v}_{i,j,k} - \boldsymbol{v}'_{i,j,k}| \tag{4-3}$$

ε_Σ 越小，表明调整器下游 0～z_k 内的流速越接近充分发展流速，调整器总体整流性能越好。

(2)单一截面流速累计误差 $\varepsilon_{\Sigma-z_k}$：为进一步探索 $|\boldsymbol{v}_{i,j,k} - \boldsymbol{v}'_{i,j,k}|$ 与 z_k 的规律，以便于寻找流量计安装位置，分别计算横截面 Plane：$z = z_k$ 内的累计流速误差 $\varepsilon_{\Sigma-z_k}$，有

$$\varepsilon_{\Sigma-z_k} = \sum_{i=0}^{N_i}\sum_{j=0}^{N_j} |\boldsymbol{v}_{i,j,k} - \boldsymbol{v}'_{i,j,k}| \tag{4-4}$$

$\varepsilon_{\Sigma-z_k}$ 越小，表明调整器下游 Plane：$z = z_k$ 内流速的充分发展程度越高，流量计安装在 Plane：$z = z_k$ 附近越好。

(3)单一截面不同节圆流速平均累计误差 $\bar{\varepsilon}_{\Sigma-z_k,r_i}$：为进一步了解横截面 Plane：$z = z_k$ 内 $|\boldsymbol{v}_{i,j,k} - \boldsymbol{v}'_{i,j,k}|$ 与 r_i 的规律，以便了解单一截面内流速分布对称性，

有助于发现调整器结构存在的不足。分别计算横截面 Plane：$z=z_k$ 内节圆半径 r_i 处的平均累计流速误差 $\bar{\varepsilon}_{\Sigma-z_k,r_i}$，有：

$$\begin{aligned}\bar{\varepsilon}_{\Sigma-z_k,r_i} &= \frac{1}{N_j}\sum_{j=1}^{N_j}\left|\boldsymbol{v}_{i,j,k}-\boldsymbol{v}'_{i,j,k}\right| \\ \bar{\varepsilon}_{\Sigma-z_k,r_0} &= \left|\boldsymbol{v}_{0,j,k}-\boldsymbol{v}'_{0,j,k}\right|\end{aligned} \tag{4-5}$$

$\bar{\varepsilon}_{\Sigma-z_k,r_i}$越小，表明横截面 Plane：$z=z_k$ 内节圆半径 r_i 处流速分布的对称性越好。

4.3 典型流动调整器性能的仿真分析与优化

漩涡、不对称流等不充分发展流体的存在将直接导致流量计的测量结果出现偏差，采用流动调整器进行整流处理是减少该偏差的有效方法。本书已于第 1 章阐明叶片式、孔板式流动调整器是目前国内外流动调整器的代表性结构。其中，Etoile 结构最符合叶片式流动调整器以制造简单或用于组合式前端构件为主要改进目的的发展趋势，但其近管壁区域叶片稀疏问题还有待优化；Zanker 结构在孔板式流动调整器中性能较突出，对其结构进行进一步优化将有助于寻求更佳的孔板式调整器结构。下面分别以 Etoile 调整器、Zanker 调整器为典型叶片式、孔板式调整器代表，进行流动调整器性能仿真分析与优化。

4.3.1 Etoile 调整器性能的仿真分析与优化

典型 Etoile 调整器结构如图 4－8 所示，由 4 块等长径向叶片等角度交错构成，叶片将流体分割成 8 个扇形区域，结构简单，管道中心区域叶片密度大，管壁区域叶片稀疏。根据图 4－1 基于 CFD 的流动调整器性能评价流程，Etoile 调整器性能仿真分析与优化研究内容包括：基于性能评价方法的 Etoile 调整器性能仿真分析、Etoile 调整器的结构优化与性能优化。

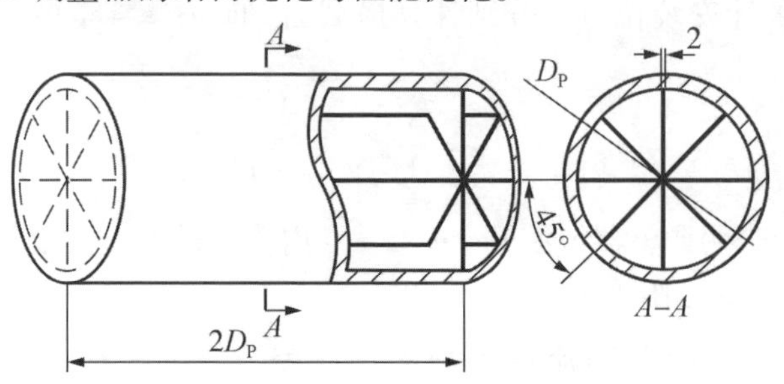

图 4－8　典型 Etoile 调整器结构

4.3.1.1　基于性能评价方法的 Etoile 调整器性能仿真分析

对 Etoile 调整器的性能仿真分析是在图 4-4 通用流动调整器研究模型上展开的。

(1)采用 Creo 软件进行 Etoile 调整器的流体模型建模(见图 4-9)。

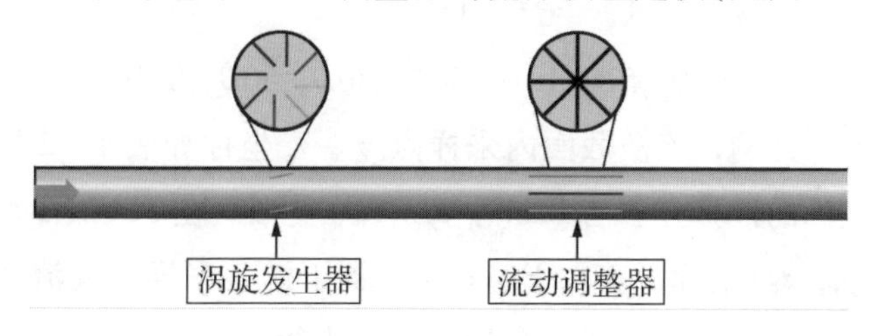

图 4-9　Etoile 调整器流体三维模型

(2)采用 ICEM 软件对三维模型进行网格划分，得到如图 4-10 所示的带 Etoile 调整器的网格模型。

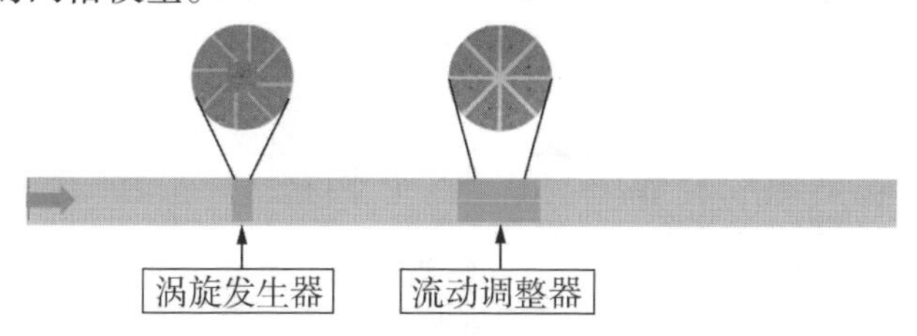

图 4-10　带 Etoile 调整器的网格模型

(3)将如图 4-10 所示的网格模型导入 FLUENT 软件，依据表 4-1 中的边界条件参数值进行参数设置。其中，分别以 $v_{\text{inlet}}=1$ m/s、10 m/s 进行仿真试验，迭代次数为 1 000。

表 4-1　边界条件参数设置

流体物性参数			管道系统运行参数				求解模型参数		
流体类型	密度 / $kg \cdot m^{-3}$	动力黏度 / $kg \cdot (ms)^{-1}$	管径 / mm	压力 / MPa	温度 / K	入口流速 / $m \cdot s^{-1}$	雷诺数	湍流强度	求解模型
水	996.799	8.54×10^{-4}	50	0.6	300	1	5.84×10^{4}	4.06%	$k-\varepsilon$ 模型
						10	5.84×10^{5}	3.04%	

(4)完成仿真试验后，在调整器下游 Plane：$z=3D_{\text{p}}$、$5D_{\text{p}}$、$10D_{\text{p}}$、$20D_{\text{p}}$、$30D_{\text{p}}$、$50D_{\text{p}}$、$80D_{\text{p}}$ 共 $N_z=7$ 个横截面处选取 $N_r=4$ 个节圆，每个节圆上等角度分布 $N_\varphi=12$ 个采样点。根据式(4-1)、式(4-2)可计算得采样点 $P_{i,j,k}(x_i,y_i,z_k)$，

$1 \leqslant i \leqslant 4$，$1 \leqslant j \leqslant 12$，$1 \leqslant k \leqslant 7$ 的 x_i, y_i, z_k 坐标分别为

$$x_i = 5i\cos\left[\frac{\pi(j-1)}{6}\right],$$

$$y_i = 5i\sin\left[\frac{\pi(j-1)}{6}\right],$$

$$z_k = 3D_p, 5D_p, 10D_p、20D_p、30D_p, 50D_p, 80D_p$$

以 Plane：$z_k = 3D_p$ 为例，该横截面内采样点 x_i、y_i 坐标如表 4－2 所示，其余横截面内采样点坐标的计算方法与 Plane：$z_k = 3D_p$ 类似。在 FLUENT 软件上，依次输入 $P_{i,j,k}(x_i, y_i, z_k)$ 坐标，获取 Etoile 调整器下游各采样点处流速。重复步骤(1)～(4)，在相同采样点坐标处，分别获取纯直管道系统的流速(作为充分发展流速理论值)、涡旋发生器下游不带流动调整器管道系统的流速(作为对比值)。

表 4－2　横截面 Plane：$z_k = 3D_p$ 内采样点 x_i、y_i 坐标

(i,j)	x_i	y_j	(i,j)	x_i	y_j	(i,j)	x_i	y_j	(i,j)	x_i	y_j
(0,0)	0	0									
(1,1)	5	0	(2,1)	10	0	(3,1)	15	0	(4,1)	20	0
(1,2)	4.33	2.5	(2,2)	8.66	5	(3,2)	12.99	7.5	(4,2)	17.32	10
(1,3)	2.5	4.33	(2,3)	5	8.66	(3,3)	7.5	12.99	(4,3)	10	17.32
(1,4)	0	5	(2,4)	0	10	(3,4)	0	15	(4,4)	0	20
(1,5)	−2.5	4.33	(2,5)	−5	8.66	(3,5)	−7.5	12.99	(4,5)	−10	17.32
(1,6)	−4.33	2.5	(2,6)	−8.66	5	(3,6)	−12.99	7.5	(4,6)	−17.32	10
(1,7)	−5	0	(2,7)	−10	0	(3,7)	−15	0	(4,7)	−20	0
(1,8)	−4.33	−2.5	(2,8)	−8.66	−5	(3,8)	−12.99	−7.5	(4,8)	−17.32	−10
(1,9)	−2.5	−4.33	(2,9)	−5	−8.66	(3,9)	−7.5	−12.99	(4,9)	−10	−17.32
(1,10)	0	−5	(2,10)	0	−10	(3,10)	0	−15	(4,10)	0	−20
(1,11)	2.5	−4.33	(2,11)	5	−8.66	(3,11)	7.5	−12.99	(4,11)	10	−17.32
(1,12)	4.33	−2.5	(2,12)	8.66	−5	(3,12)	12.99	−7.5	(4,12)	17.32	−10

在 FLUENT 中输入采样点坐标后，获取的流速样本如表 4－3 所示。

表4-3　横截面 Plane: $z_k = 5D_p$ 内采样点流速($Re = 5.84 \times 10^4$)　(单位: m/s)

$r_0 = 0$; $\varphi_0 = 0$: $v_x = 10.81552 \times 10^{-4}$; $v_y = 4.19353 \times 10^{-4}$; $v_z = 1.0054693$;						
$r_1 = 0.1D_p$; φ_j 依次为0°,30°,60°,90°,120°,150°,180°,210°,240°,270°,300°,330°的12个点						
	$P_{1,1,5D_p}$	$P_{1,2,5D_p}$	$P_{1,3,5D_p}$	$P_{1,4,5D_p}$	$P_{1,5,5D_p}$	$P_{1,6,5D_p}$
v_x	-5.5747×10^{-4}	14.8121×10^{-4}	32.3781×10^{-4}	46.3136×10^{-4}	52.1758×10^{-4}	46.0946×10^{-4}
v_y	-39.6513×10^{-4}	-40.4028×10^{-4}	-27.1333×10^{-4}	-4.6373×10^{-4}	16.8167×10^{-4}	31.8340×10^{-4}
v_z	1.0222628	1.0230584	1.0227934	1.0222712	1.0245812	1.0269117
	$P_{1,7,5D_p}$	$P_{1,8,5D_p}$	$P_{1,9,5D_p}$	$P_{1,10,5D_p}$	$P_{1,11,5D_p}$	$P_{1,12,5D_p}$
v_x	27.7005×10^{-4}	4.9106×10^{-4}	-15.2382×10^{-4}	-29.7738×10^{-4}	-33.5660×10^{-4}	-24.3356×10^{-4}
v_y	41.7318×10^{-4}	43.3318×10^{-4}	33.6908×10^{-4}	13.6956×10^{-4}	-8.7037×10^{-4}	-27.3914×10^{-4}
v_z	1.0273621	1.0278015	1.026402	1.0240499	1.0236094	1.0230708
$r_2 = 0.2D_p$; φ_j 依次为0°,30°,60°,90°,120°,150°,180°,210°,240°,270°,300°,330°的12个点						
	$P_{2,1,5D_p}$	$P_{2,2,5D_p}$	$P_{2,3,5D_p}$	$P_{2,4,5D_p}$	$P_{2,5,5D_p}$	$P_{2,6,5D_p}$
v_x	-8.2702×10^{-4}	5.7054×10^{-4}	20.7004×10^{-4}	41.1103×10^{-4}	55.9159×10^{-4}	51.7514×10^{-4}
v_y	-46.3930×10^{-4}	-54.1548×10^{-4}	-34.9563×10^{-4}	-4.0891×10^{-4}	13.1479×10^{-4}	20.0658×10^{-4}
v_z	1.0690844	1.0725691	1.0703367	1.0663179	1.0707332	1.0747598
	$P_{2,7,5D_p}$	$P_{2,8,5D_p}$	$P_{2,9,5D_p}$	$P_{2,10,5D_p}$	$P_{2,11,5D_p}$	$P_{2,12,5D_p}$
v_x	29.8198×10^{-4}	8.7885×10^{-4}	-13.9573×10^{-4}	-39.1901×10^{-4}	-48.6634×10^{-4}	-31.1378×10^{-4}
v_y	36.4891×10^{-4}	47.2132×10^{-4}	35.2840×10^{-4}	12.3059×10^{-4}	-6.1141×10^{-4}	-25.3888×10^{-4}
v_z	1.0744509	1.0756291	1.0724735	1.0688601	1.0702177	1.0698531

续表 4－3

$r_3=0.3D_p$；φ_j 依次为 0°,30°,60°,90°,120°,150°,180°,210°,240°,270°,300°,330°的 12 个点						
	$P_{3,1,5D_p}$	$P_{3,2,5D_p}$	$P_{3,3,5D_p}$	$P_{3,4,5D_p}$	$P_{3,5,5D_p}$	$P_{3,6,5D_p}$
v_x	2.2673×10^{-4}	-19.0551×10^{-4}	-13.4823×10^{-4}	-4.45914×10^{-4}	10.6231×10^{-4}	19.8770×10^{-4}
v_y	-4.1470×10^{-4}	-17.3666×10^{-4}	-8.2900×10^{-4}	5.4009×10^{-4}	-12.0139×10^{-4}	-19.7883×10^{-4}
v_z	1.0944147	1.0974643	1.0910411	1.0898997	1.0937712	1.0888885
	$P_{3,7,5D_p}$	$P_{3,8,5D_p}$	$P_{3,9,5D_p}$	$P_{3,10,5D_p}$	$P_{3,11,5D_p}$	$P_{3,12,5D_p}$
v_x	14.4144×10^{-4}	25.9539×10^{-4}	9.2201×10^{-4}	-8.6190×10^{-4}	-19.0663×10^{-4}	-5.0594×10^{-4}
v_y	-5.0250×10^{-4}	11.85298×10^{-4}	4.7642×10^{-4}	-0.8978×10^{-4}	14.9595×10^{-4}	5.4168×10^{-4}
v_z	1.0907683	1.0928564	1.0891043	1.0903866	1.0923626	1.0901228

$r_4=0.4D_p$；φ_j 依次为 0°,30°,60°,90°,120°,150°,180°,210°,240°,270°,300°,330°的 12 个点						
	$P_{4,1,5D_p}$	$P_{4,2,5D_p}$	$P_{4,3,5D_p}$	$P_{4,4,5D_p}$	$P_{4,5,5D_p}$	$P_{4,6,5D_p}$
v_x	8.6810×10^{-4}	-31.6465×10^{-4}	-27.9480×10^{-4}	-34.7696×10^{-4}	-38.3002×10^{-4}	-5.9381×10^{-4}
v_y	30.2644×10^{-4}	26.2508×10^{-4}	9.5162×10^{-4}	9.4258×10^{-4}	-31.4533×10^{-4}	-37.0246×10^{-4}
v_z	1.0012251	1.0148515	1.0063556	0.99948061	1.0164031	0.99677169
	$P_{4,7,5D_p}$	$P_{4,8,5D_p}$	$P_{4,9,5D_p}$	$P_{4,10,5D_p}$	$P_{4,11,5D_p}$	$P_{4,12,5D_p}$
v_x	-0.3278×10^{-4}	27.4876×10^{-4}	14.8441×10^{-4}	21.4321×10^{-4}	19.2221×10^{-4}	9.4852×10^{-4}
v_y	-27.2917×10^{-4}	-16.4747×10^{-4}	-8.5195×10^{-4}	-8.5404×10^{-4}	26.7905×10^{-4}	21.3083×10^{-4}
v_z	0.9916473	1.0065093	1.0052564	0.99883074	1.0113876	1.0044631

（5）根据获取采样点流速进行Etoile调整器性能特性分析。

①总体流速累计误差ε_{Σ}

表4-4为有无安装Etoile调整器情况下的总体流速累计误差ε_{Σ}值对比分析表，在$0\sim80D_p$内，当$Re=5.84\times10^4$时，装有/未安装Etoile调整器的总体流速累计误差分别为$\varepsilon_{\Sigma-E}\approx11.651$、$\varepsilon_{\Sigma-none}\approx36.556$，$\frac{\varepsilon_{\Sigma-none}}{\varepsilon_{\Sigma-E}}\approx3.14$。当$Re=5.84\times10^5$时，装有/未安装Etoile调整器的总体流速累计误差分别为$\varepsilon_{\Sigma-E}\approx106.049$、$\varepsilon_{\Sigma-none}\approx417.975$，$\frac{\varepsilon_{\Sigma-none}}{\varepsilon_{\Sigma-E}}\approx3.94$。

可以看出，Re增大，$\varepsilon_{\Sigma-E}$、$\varepsilon_{\Sigma-none}$增大，$Re$越大，涡旋发生器下游流体畸变越严重；$Re=5.84\times10^4$下$\frac{\varepsilon_{\Sigma-none}}{\varepsilon_{\Sigma-E}}\approx3.14$，$Re=5.84\times10^5$下$\frac{\varepsilon_{\Sigma-none}}{\varepsilon_{\Sigma-E}}\approx3.94$，这表明Etoile调整器整流效果较好，且$Re$越大，其整流效果越显著。

表4-4　有无安装Etoile调整器情况下的总体流速累计误差ε_{Σ}值对比分析表

类别	于管道横截面的投影示意图	ε_{Σ}	
		$Re=5.84\times10^4$	$Re=5.84\times10^5$
装有Etoile调整器		11.651	106.049
未安装Etoile调整器		36.556	417.975

②单一截面流速累计误差$\varepsilon_{\Sigma-z_k}$

图4-11为有无Etoile调整器情况下的单一截面流速累计误差$\varepsilon_{\Sigma-z_k}$变化图（即$\varepsilon_{\Sigma-z_k-E}$、$\varepsilon_{\Sigma-z_k-none}$随$z_k$变化的关系图）。

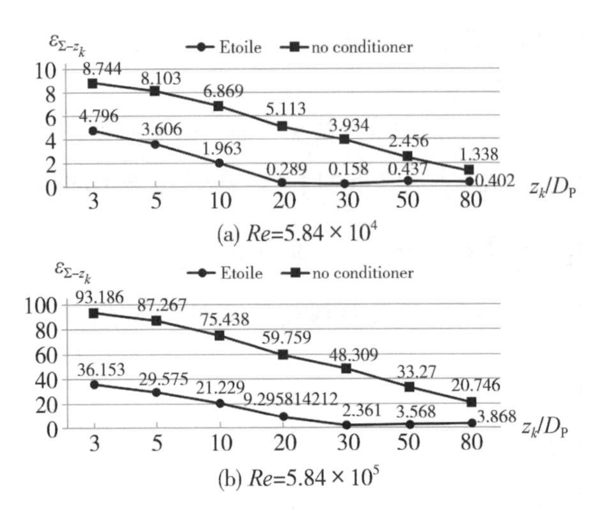

图 4－11　有无 Etoile 调整器情况下的单一截面流速累计误差 $\varepsilon_{\Sigma-z_k}$ 变化图

a. $Re=5.84\times10^4$ 时，$\varepsilon_{\Sigma-z_k-\mathrm{E}}$ 在 $z_k\geqslant20D_\mathrm{p}$ 后趋于相对平稳，而 $\varepsilon_{\Sigma-z_k-\mathrm{none}}$ 在 $0\sim80D_\mathrm{p}$ 范围内则呈下降趋势，特别在 $z_k=80D_\mathrm{p}$ 处，$\varepsilon_{\Sigma-z_k-\mathrm{none}}=1.338$，约等于 $\varepsilon_{\Sigma-z_k-E}$ 在 $z_k=15D_\mathrm{p}$ 处的值。这表明 Etoile 调整器下游流体在 $z_k\geqslant20D_\mathrm{p}$ 后趋于稳定，而未经调整器作用的流体在 $z_k=80D_\mathrm{p}$ 处仍然不稳定，其发展水平相当于 Etoile 调整器作用下下游 $z_k=15D_\mathrm{p}$ 处流体的水平。

b. $Re=5.84\times10^5$ 时（与 $Re=5.84\times10^4$ 相比），$\varepsilon_{\Sigma-z_k-\mathrm{E}}$、$\varepsilon_{\Sigma-z_k-\mathrm{none}}$ 均明显增大，其中 $\varepsilon_{\Sigma-z_k-\mathrm{E}}$ 在 $z_k\geqslant30D_\mathrm{p}$（增长 $10D_\mathrm{p}$）后趋于相对平稳，Re 越大，Etoile 调整器下游流体需要越长距离以达到稳定；$\varepsilon_{\Sigma-z_k-\mathrm{none}}$ 在 $z_k=80D_\mathrm{p}$ 处的值约为 $\varepsilon_{\Sigma-z_k-\mathrm{E}}$ 在 $z_k=10D_\mathrm{p}$ 处水平。这表明 Re 越大，未经调整器整流过的流体的发展水平等效于有 Etoile 调整器作用下下游流体的距离将缩短（Re 从 5.84×10^4 升到 5.84×10^5 时，$z_k=80D_\mathrm{p}$ 处的 $\varepsilon_{\Sigma-z_k-\mathrm{none}}$ 为 $\varepsilon_{\Sigma-z_k-\mathrm{E}}$ 在 $10D_\mathrm{p}\leqslant z_k\leqslant15D_\mathrm{p}$ 的水平），即未经调整器作用的流体发展水平更差。

综合以上分析，不管 $Re=5.84\times10^4$ 或 $Re=5.84\times10^5$，要使 $\varepsilon_{\Sigma-z_k-\mathrm{E}}$ 达到趋于平稳状态所需的直管均依然较长（约 $20D_\mathrm{p}$ 以上），调整器结构优化具有需求及空间。

③单一截面不同节圆流速平均累计误差 $\bar{\varepsilon}_{\Sigma-z_k,r_i}$

图 4－12、图 4－13 分别为 $Re=5.84\times10^4$、$Re=5.84\times10^5$ 下，$z_k=5D_\mathrm{p}$、$z_k=50D_\mathrm{p}$ 处单一截面不同节圆流速的平均累计误差分布信息图。图 4－12a、4－13a 中，$|r_i|\leqslant0.1D_\mathrm{p}$ 时，$\bar{\varepsilon}_{\Sigma-z_k,r_i-E}>\bar{\varepsilon}_{\Sigma-z_k,r_i-\mathrm{none}}$，这表明 Etoile 调整器叶片交汇附近对流体存在阻挡作用，使得管道中心约 $r_i=0.1D_\mathrm{p}$ 圆形区域内流速变缓

(见表4－3)，直至 $z_k=50D_p$ 该现象才基本消除(见图4－12b、4－13b)；$|r_i|>0.1D_p$ 时，$\bar{\varepsilon}_{\Sigma-z_k,r_i-E}<\bar{\varepsilon}_{\Sigma-z_k,r_i-none}$，其中，在 $|r_i|$ 从 $0.1D_p$ 增大到 $0.3D_p$ 时，$\bar{\varepsilon}_{\Sigma-z_k,r_i-E}$ 下降，在 $|r_i|$ 从 $0.3D_p$ 增大到 $0.5D_p$ 时，$\bar{\varepsilon}_{\Sigma-z_k,r_i-E}$ 上升，表明 Etoile 调整器近管壁处叶片分布过于稀疏，可以增加叶片以防止 $\bar{\varepsilon}_{\Sigma-z_k,r_i-E}$ 增大。

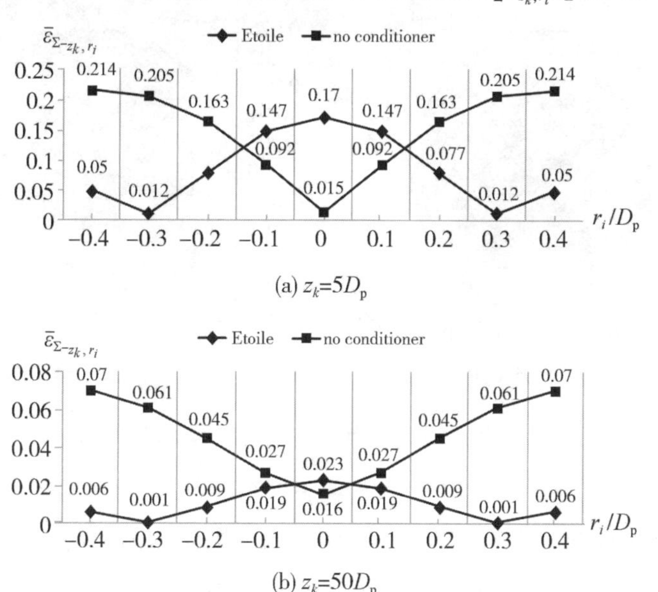

(a) $z_k=5D_p$

(b) $z_k=50D_p$

图4－12　不同 z_k 值处单一截面不同节圆流速平均累计误差分布信息图($Re=5.84\times10^4$)

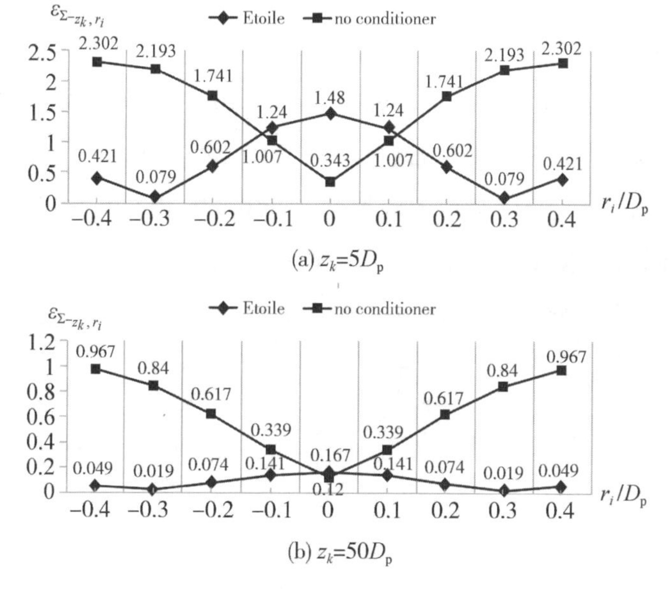

(a) $z_k=5D_p$

(b) $z_k=50D_p$

图4－13　不同 z_k 值处单一截面不同节圆流速平均累计误差分布信息图($Re=5.84\times10^5$)

彩图 4－14 为 $Re=5.84\times10^4$、$Re=5.84\times10^5$ 下，充分发展流速在横截面分布情况信息图，作为标准比对图样。

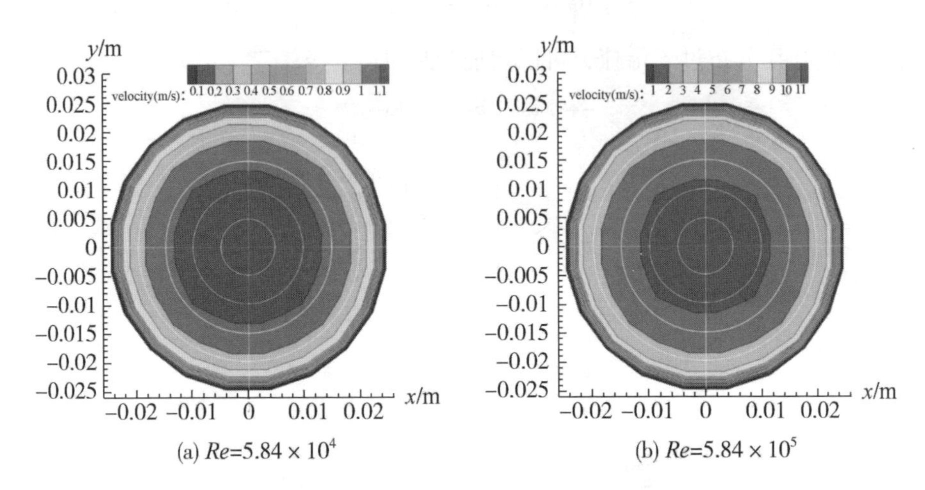

(a) Re=5.84 × 10⁴ (b) Re=5.84 × 10⁵

图 4－14 不同 Re 值下充分发展流速的横截面分布信息图

如彩图 4－15、4－16 所示分别为 $Re=5.84\times10^4$、$Re=5.84\times10^5$ 下 Etoile 调整器下游横截面的流速分布信息图，图中白色圆圈为采样点所在的 4 个节圆。当 $Re=5.84\times10^4$，从彩图 4－15a 看出，在 $z_k=5D_p$，$|r_i|\leqslant0.4D_p$ 内，velocity≈1 m/s，与彩图 4－14a 相比，velocity≈1m/s 范围过大，且中心缺少 velocity≥1.1m/s 区域，表明 $z_k=5D_p$ 处流体仍未达到充分发展；在 $z_k=50D_p$ 处，流速分布情况（见彩图 4－15b）基本与充分发展流速一致（见彩图 4－14b），这也符合图 4－11a 所描述的误差分布情况。当 $Re=5.84\times10^5$，从彩图 4－16a 看出，在 $z_k=5D_p$处，velocity≈10 m/s 也分布在 $|r_i|\leqslant0.4D_p$ 内，但同时在 $|r_i|\leqslant0.1D_p$ 内存在 velocity≈9 m/s，表明 Etoile 调整器在 $|r_i|\leqslant0.1D_p$ 内叶片交汇，对流体产生较明显的阻挡作用，使得流速相对减缓，这符合图 4－13a 所描述的误差分布；在$z_k=50D_p$ 处，流速分布（见彩图4－16b）基本与充分发展流速一致（见彩图 4－14b）。

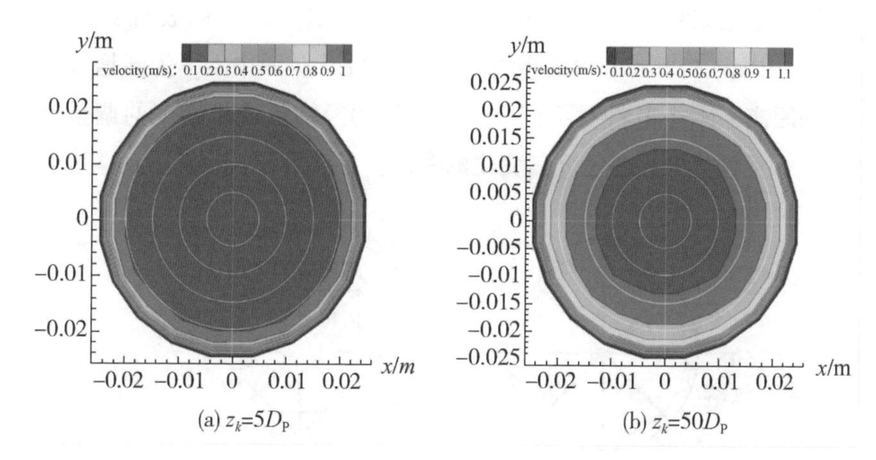

图 4 – 15　不同 z_k 值处 Etoile 调整器下游横截面流速分布信息图($Re=5.84\times10^4$)

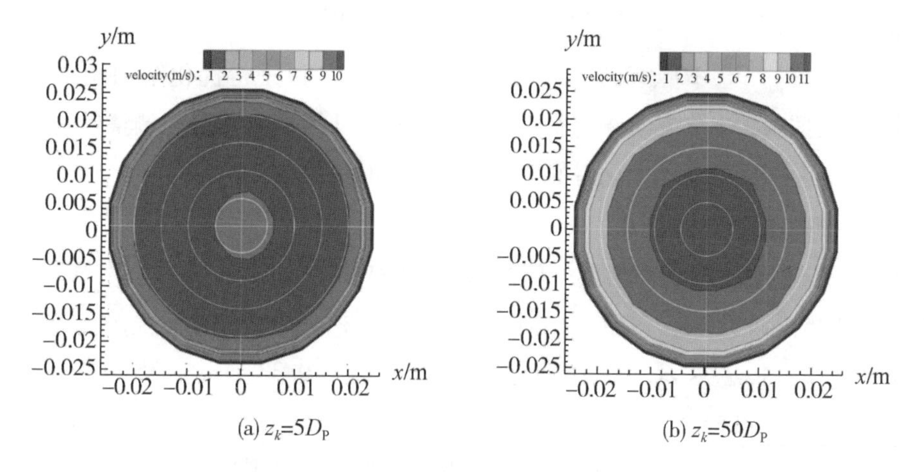

图 4 – 16　不同 z_k 值处 Etoile 调整器下游横截面流速分布信息图($Re=5.84\times10^5$)

综合上述基于性能评价方法的流动调整器性能分析，可以看出：①Etoile 调整器对不规则流体具有较好的整流效果，Re 越大，效果越显著。不管是 $Re=5.84\times10^4$ 还是 $Re=5.84\times10^5$，要使 $\varepsilon_{\Sigma-z_k-E}$ 达到趋于平稳状态所需的直管均依然较长(约 20D_p 以上)，调整器在结构上优化仍具有需求及空间。②中心区域 $|r_i|\leqslant0.1D_p$ 内交汇处的叶片对流体的阻挡作用较强，可去除该区域叶片以加速流体稳定；近管壁区域叶片过于稀疏，可适当增加叶片以保证该区域流体得到有效整流。

4.3.1.2　Etoile 调整器结构优化与性能优化

基于 Etoile 调整器性能仿真分析得出的优化结论，得到如图 4 – 17 所示的

Etoile 调整器优化结构，即空心窗花式流动调整器。其优化表现在：①删除 $|r_i| \leqslant 0.1D_p$ 内交汇处叶片；②近管壁区域增加叶片。图中 h_{vane} 为新增叶片至管道中心间的距离。本小节将对不同 h_{vane} 条件下的经结构优化处理的调整器进行 CFD 仿真，探索调整器性能随 h_{vane} 变化的关系，寻求最佳 h_{vane} 值。

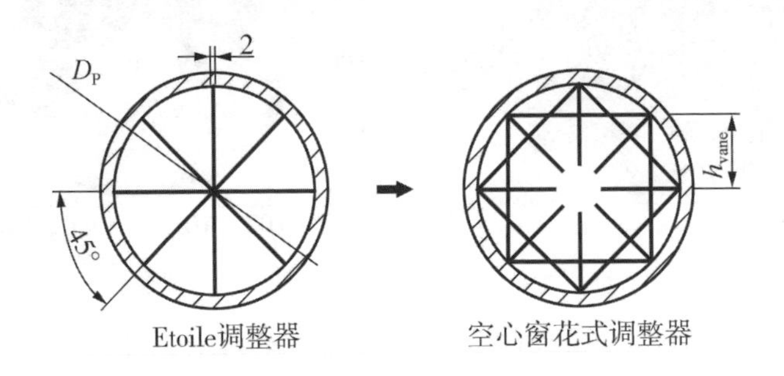

图 4－17　Etoile 调整器优化结构

分别令 $h_{vane} = 0.3D_p$、$0.325D_p$、$0.354D_p$、$0.4D_p$ 以进行优化结构调整器的建模，并按照4.2.2 节流动调整器评价流程，分别进行 CFD 仿真与调整器性能分析，探索 h_{vane} 变化与结构优化后的调整器性能之间的关系。

1. 总体流速累计误差 ε_Σ

如表 4－5 所示为不同情况下的流动调整器总体流速累计误差 ε_Σ 对比分析，在 0 ～ 80D_p 内，当 $Re = 5.84 \times 10^4$ 时，$\varepsilon_{\Sigma - h_{vane} = 0.3D_p} < \varepsilon_{\Sigma - h_{vane} = 0.325D_p} < \varepsilon_{\Sigma - h_{vane} = 0.4D_p} < \varepsilon_{\Sigma E} < \varepsilon_{\Sigma - h_{vane} = 0.354D_p} < \varepsilon_{\Sigma - none}$，表明当 $h_{vane} = 0.3D_p$、$0.325D_p$、$0.354D_p$、$0.4D_p$ 时，优化后调整器的性能均比没有调整器下的情况好。其中，当 $h_{vane} = 0.3D_p$、$h_{vane} = 0.325D_p$、$h_{vane} = 0.4D_p$ 时，优化后调整器的性能表现均比没有调整器情况下的好；当 $h_{vane} = 0.354D_p$ 时的性能效果与 Etoile 调整器的相当。当 $Re = 5.84 \times 10^5$ 时，$\varepsilon_{\Sigma h_{vane} = 0.3D_p} < \varepsilon_{\Sigma E} < \varepsilon_{\Sigma - h_{vane} = 0.325D_p} < \varepsilon_{\Sigma - h_{vane} = 0.4D_p} < \varepsilon_{\Sigma - h_{vane} = 0.354D_p} < \varepsilon_{\Sigma - none}$，表明当 h_{vane} 分别为 $0.3D_p$、$0.325D_p$、$0.354D_p$、$0.4D_p$ 时，优化后调整器的性能效果也比没有调整器情况下的好。其中，优化后调整器结构中，当 $h_{vane} = 0.3D_p$ 时比 Etoile 调整器性能好，当 $h_{vane} = 0.325D_p$ 时的性能与 Etoile 调整器的相当，而当 $h_{vane} = 0.4D_p$、$h_{vane} = 0.354D_p$ 时性能稍差于 Etoile 调整器。

表 4－5　不同情况下的总体流速累计误差 ε_{Σ} 对比分析表

类别	于管道横截面处的投影示意图	ε_{Σ}	
		$Re=5.84\times10^4$	$Re=5.84\times10^5$
前有空心窗花式调整器	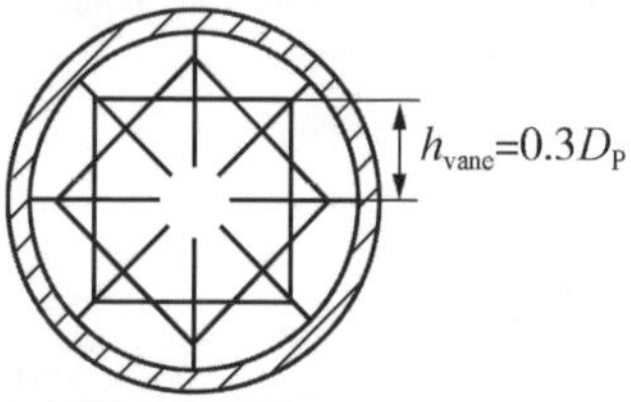 $h_{vane}=0.3D_P$	6.613	73.092
	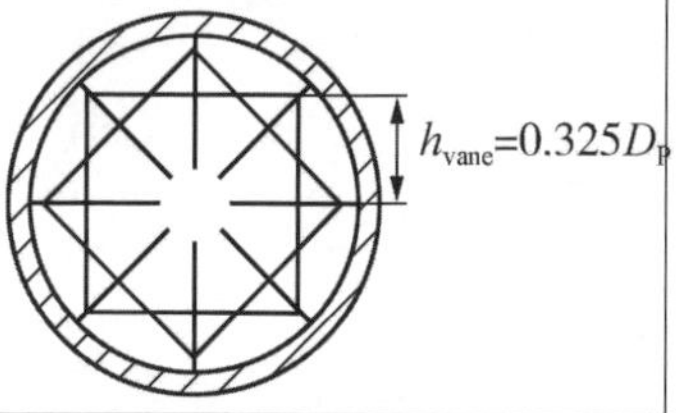 $h_{vane}=0.325D_P$	9.503	107.006
	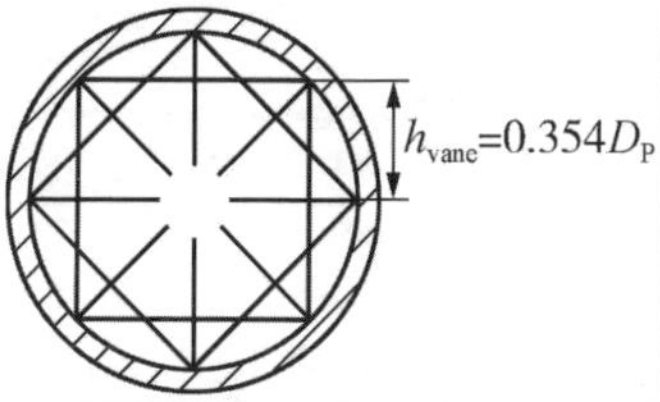 $h_{vane}=0.354D_P$	11.754	131.215
装有空心窗花式调整器	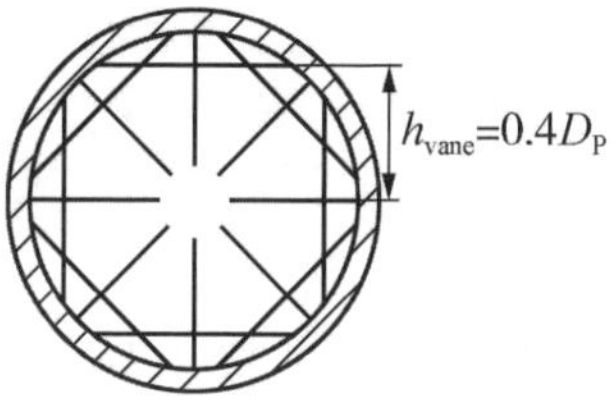 $h_{vane}=0.4D_P$	9.751	112.451
装有 Etoile 调整器	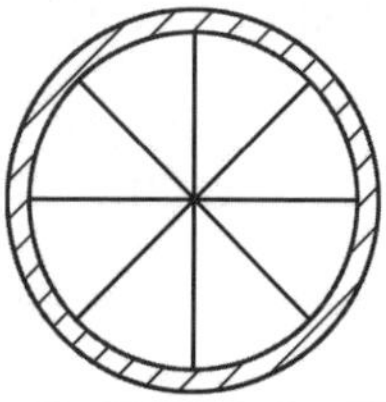	11.651	106.049
未安装调整器	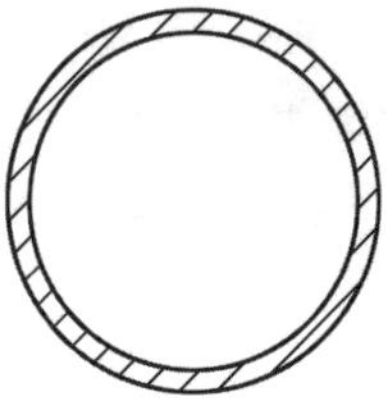	36.556	417.975

2. 单一截面流速累计误差 $\varepsilon_{\Sigma-z_k}$

彩图 4－18 为不同情况下单一截面流速累计误差 $\varepsilon_{\Sigma-z_k}$ 随 z_k 变化的关系图。

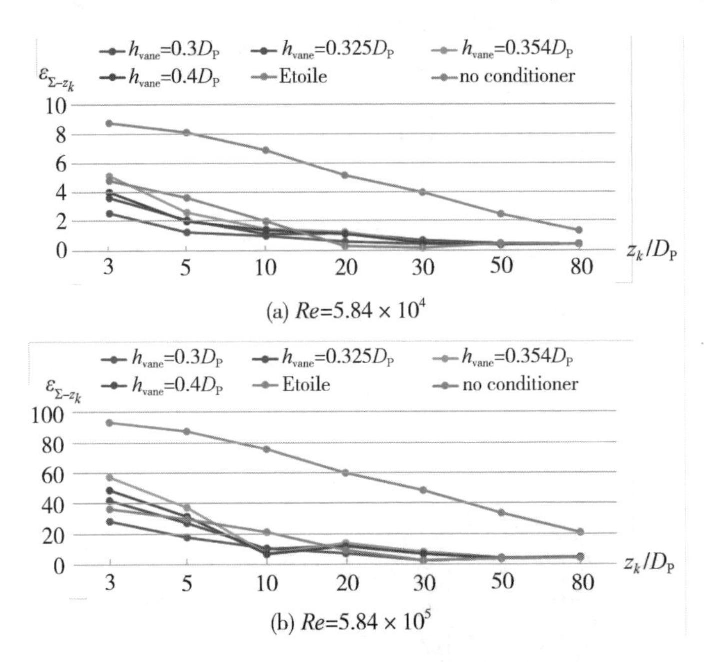

图 4－18　不同情况下单一截面流速累计误差 $\varepsilon_{\Sigma-z_k}$ 随 z_k 变化的关系图

（1）$Re=5.84\times10^4$ 情况下，在 $z_k\leqslant15D_p$ 时，$\varepsilon_{\Sigma-z_k-h_{vane}=0.3D_p}<\varepsilon_{\Sigma-z_k-h_{vane}=0.325D_p}<\varepsilon_{\Sigma-z_k-h_{vane}=0.4D_p}<\varepsilon_{\Sigma-z_k-h_{vane}=0.354D_p}<\varepsilon_{\Sigma-E}$；而在 $15D_p\leqslant z_k\leqslant30D_p$ 时，$\varepsilon_{\Sigma-E}$ 比其他情况下的数值都小；但在 $z_k>30D_p$ 时，$\varepsilon_{\Sigma-E}\approx\varepsilon_{\Sigma-z_k-h_{vane}=0.3D_p}\approx\varepsilon_{\Sigma-z_k-h_{vane}=0.325D_p}\approx\varepsilon_{\Sigma-z_k-h_{vane}=0.4D_p}\approx\varepsilon_{\Sigma-z_k-h_{vane}=0.354D_p}$。这表明 h_{vane} 分别为 $0.3D_p$、$0.325D_p$、$0.354D_p$、$0.4D_p$ 时，在 $z_k\leqslant15D_p$ 内，选用空心窗花式调整器效果更好，其中 $h_{vane}=0.3D_p$ 时性能最佳。

（2）$Re=5.84\times10^5$ 情况下，在 $6D_p\leqslant z_k\leqslant20D_p$ 时，$\varepsilon_{\Sigma-z_k-h_{vane}=0.3D_p}<\varepsilon_{\Sigma-z_k-h_{vane}=0.325D_p}<\varepsilon_{\Sigma-z_k-h_{vane}=0.4D_p}<\varepsilon_{\Sigma-z_k-h_{vane}=0.354D_p}<\varepsilon_{\Sigma-E}$。其中，$z_k=10D_p$ 处的 $\varepsilon_{\Sigma-E}$ 与其他情况相差得最悬殊，$\varepsilon_{\Sigma-z_k-h_{vane}=0.3D_p}/\varepsilon_{\Sigma-E}\approx0.5$；而在 $z_k>20D_p$，$\varepsilon_{\Sigma-E}$ 与其他情况下的数值基本一致。这表明 h_{vane} 分别为 $0.3D_p$、$0.325D_p$、$0.354D_p$、$0.4D_p$ 时，空心窗花式调整器在 $6D_p\leqslant z_k\leqslant20D_p$ 均比 Etoile 调整器性能更优，其中 $z_k=10D_p$ 处位置相对较佳，此时 $\varepsilon_{\Sigma-z_k-h_{vane}=0.3D_p}\approx0.5\varepsilon_{\Sigma-E}$。

2. 单一截面不同节圆流速的平均累计误差 $\bar{\varepsilon}_{\Sigma-z_k,r_i}$

如彩图 4－19 所示为 $Re=5.84\times10^4$ 情况下，$z_k=5D_p$、$z_k=50D_p$ 处单一截面不同节圆流速平均累计误差分布信息图，彩图 4－19a 中，当 $|r_i|\leqslant0.1D_p$ 时，

$\varepsilon_{\Sigma-z_k,r_i-h_{vane}=0.3D_p}$ < $\varepsilon_{\Sigma-z_k,r_i-h_{vane}=0.325D_p}$ < $\varepsilon_{\Sigma-z_k,r_i-h_{vane}=0.4D_p}$ < $\varepsilon_{\Sigma-z_k,r_i-h_{vane}=0.354D_p}$ < $\varepsilon_{\Sigma-z_k,r_i-E}$，这表明 h_{vane} 分别为 $0.3D_p$、$0.325D_p$、$0.354D_p$、$0.4D_p$ 时，空心窗花式调整器对 $|r_i|\leqslant 0.1D_p$ 区域流场有明显优化效果，其中在 $|r_i|\leqslant 0.1D_p$ 区域内 $\varepsilon_{\Sigma-z_k,r_i-h_{vane}}=0.3D_p<0.04$，流速误差最小。

当 $|r_i|>0.1D_p$ 时，$\varepsilon_{\Sigma-z_k,r_i-h_{vane}=0.3D_p}$、$\varepsilon_{\Sigma-z_k,r_i-h_{vane}=0.325D_p}$、$\varepsilon_{\Sigma-z_k,r_i-h_{vane}=0.4D_p}$、$\varepsilon_{\Sigma-z_k,r_i-h_{vane}=0.354D_p}$ 均无明显上升趋势，这表明空心窗花式调整器可有效防止近管壁区域流速误差增大。彩图 4－19b 中，$\varepsilon_{\Sigma-z_k,r_i-E}\approx\varepsilon_{\Sigma-z_k,r_i-h_{vane}=0.3D_p}\approx\varepsilon_{\Sigma-z_k,r_i-h_{vane}=0.325D_p}\approx\varepsilon_{\Sigma-z_k,r_i-h_{vane}=0.4D_p}\approx\varepsilon_{\Sigma-z_k,r_i-h_{vane}=0.354D_p}$（均小于0.02），表明 $z_k=50D_p$ 处空心窗花式调整器与 Etoile 调整器的性能相近。

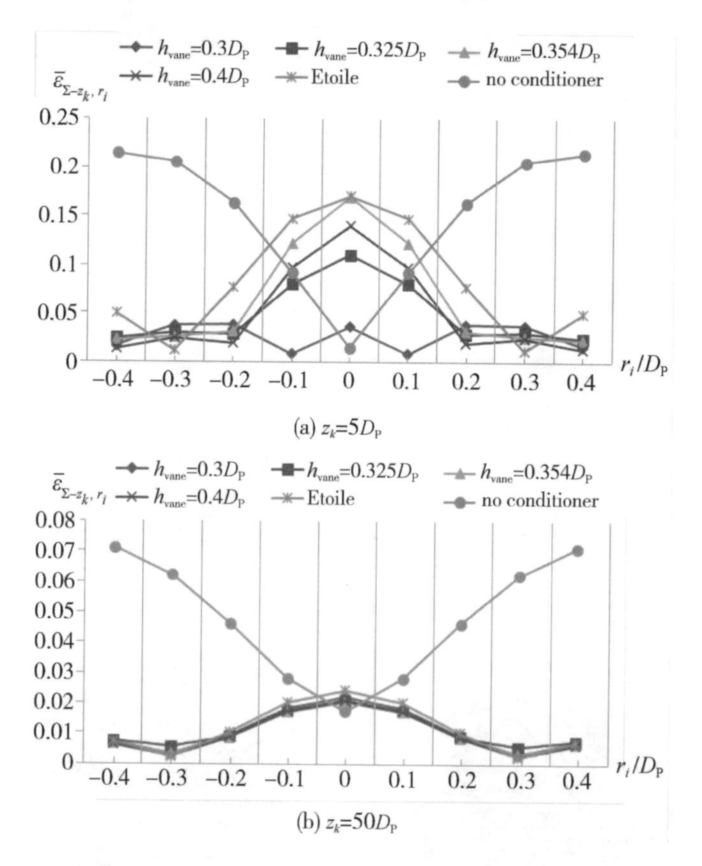

图 4－19　不同 z_k 值处单一截面不同节圆流速平均累计误差分布分息图（$Re=5.84\times10^4$）

彩图 4－20 为 $Re=5.84\times10^4$ 时不同情况下 $z_k=5D_p$ 处横截面的流速分布图，与充分发展流速（见彩图 4－20f，$|r_i|\leqslant 0.1D_p$ 内 1.1m/s≤velocity＜1.2m/s）相比，$h_{vane}=0.3D_p$ 时的流速分布对称性、速度值（见彩图 4－20a，$|r_i|\leqslant 0.1D_p$ 区域 1.1 m/s≤velocity＜1.2 m/s）均较相近，$h_{vane}=0.325D_p$ 时（见彩图 4－20b）的

流速分布对称性不够，$h_{vane}=0.354D_p$ 时速度值（见彩图4-20c，$|r_i|\leqslant 0.1D_p$ 区域 velocity≥1.3 m/s）相差较远，$h_{vane}=0.4D_p$ 时速度值（见彩图4-20d，$|r_i|\leqslant 0.1D_p$ 区域 velocity≥1.2 m/s）也有一定偏差。上述结论与彩图4-19a中 $\bar{\varepsilon}_{\Sigma-z_k,r_i}$ 所体现的结论一致。

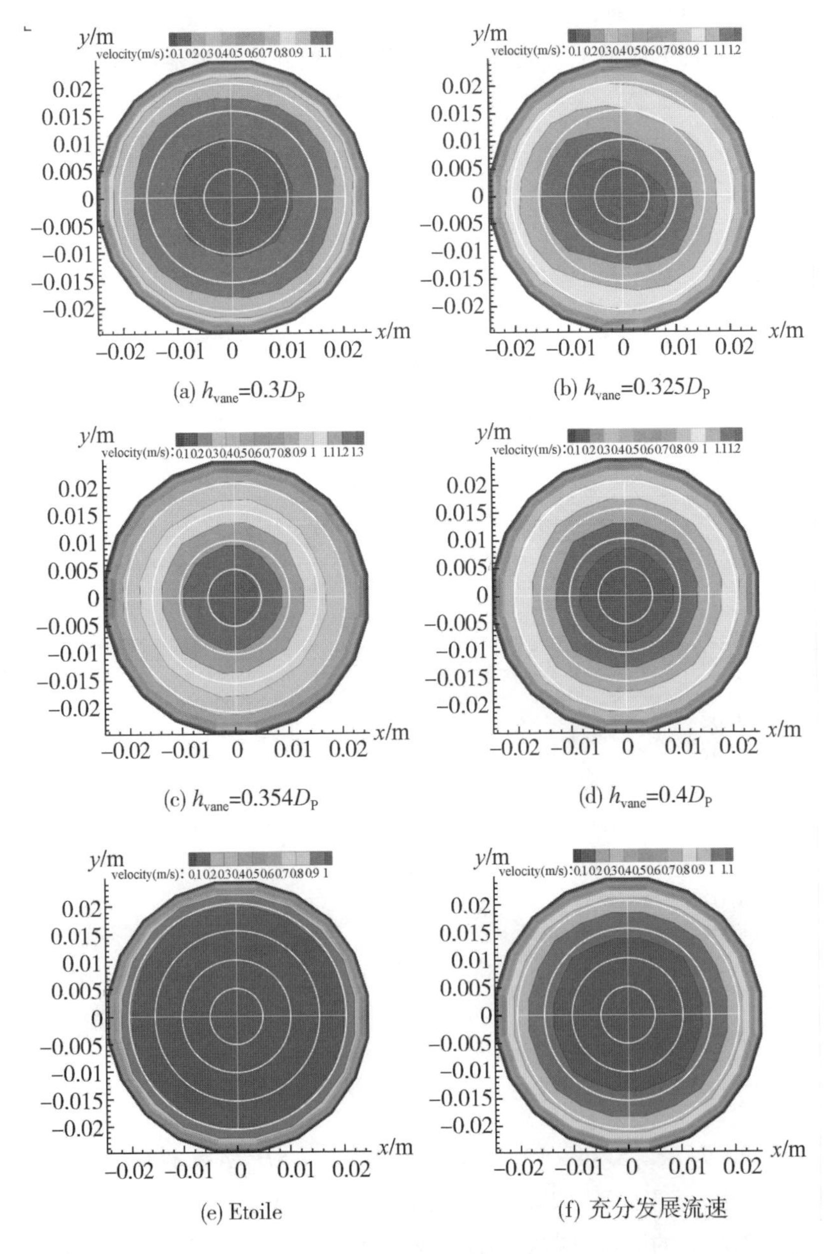

图4-20　不同情况下 $z_k=5D_p$ 处横截面的流速分布信息图（$Re=5.84\times10^4$）

可以看出，与Etoile调整器相比，本书提出的空心窗花式调整器(在Etoile调整器的基础结构上去掉$|r_i|\leqslant 0.1D_p$区域叶片、在近管壁增加叶片)，具有如下特点：

①空心窗花式调整器能有效减少$|r_i|\leqslant 0.1D_p$区域的流速误差，并使近管壁区域流速误差稳定在一定范围，获得良好的整流效果；

②h_{vane}对空心窗花式调整器的性能优化有着直接的影响，$h_{vane=0.3D_p}$时的调整器取得相对最佳性能。当$Re=5.84\times10^4$，在$z_k\leqslant 15D_p$，$\varepsilon_{\Sigma-z_k-h_{vane}=0.3D_p}$远小于$\varepsilon_{\Sigma-z_k-E}$；当$Re=5.84\times10^5$，在$z_k=10D_p$处安装空心窗花式调整器($h_{vane}=0.3D_p$)最佳，此时$\varepsilon_{\Sigma-z_k-h_{vane}=0.3D_p}\approx 0.5\varepsilon_{\Sigma-z_k-E}$。

4.3.2　Zanker调整器性能的仿真分析与优化

如图4－21所示为典型的Zanker调整器结构，由对称环形分布在5个不同节圆上的32个孔组成，孔板厚$\frac{D_p}{8}$，不同节圆处孔径各不相同，结构复杂，中心区域孔径大、孔分布稀疏，管壁区域孔径小、孔分布密集。根据图4－21基于CFD的流动调整器性能评价流程，Zanker调整器性能仿真分析与优化研究内容包括：基于性能评价方法的Zanker调整器性能仿真分析、Zanker调整器的结构优化与性能优化。

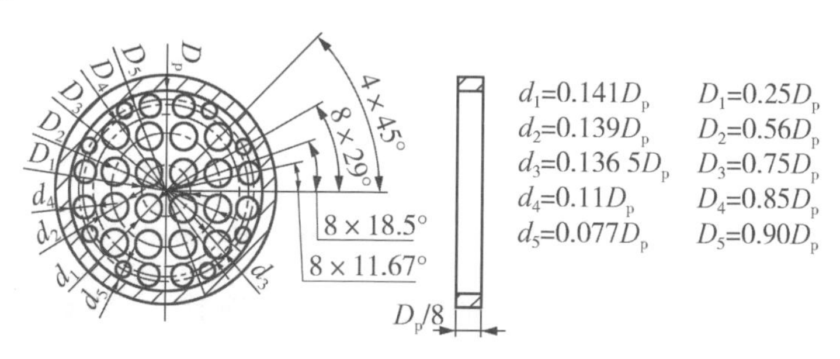

图4－21　典型Zanker调整器结构

4.3.2.1　基于性能评价方法的Zanker调整器性能仿真分析

采用与4.3.1Etoile调整器性能分析一致的边界条件及仿真流程，分别对Zanker调整器结构背景下的总体累计流速误差ε_Σ、单一截面累计流速误差$\varepsilon_{\Sigma-z_k}$、单一截面不同节圆平均流速累计误差$\bar{\varepsilon}_{\Sigma-z_k,r_i}$展开分析。

1. 总体流速累计误差ε_Σ

有无安装Zanker调整器中的总体流速累计误差分析如表4－6所示，在0～

$80D_p$ 内，当 $Re=5.84\times10^4$ 时，装有/未安装 Zanker 调整器的总体流速累计误差分别为 $\varepsilon_{\Sigma-Z}\approx6.467$、$\varepsilon_{\Sigma-none}\approx36.556$，$\frac{\varepsilon_{\Sigma-none}}{\varepsilon_{\Sigma-Z}}\approx5.65$。当 $Re=5.84\times10^5$ 时，装有/未安装 Zanker 调整器的总体累计流速误差分别为 $\varepsilon_{\Sigma-Z}\approx84.706$、$\varepsilon_{\Sigma-none}\approx417.975$，$\frac{\varepsilon_{\Sigma-none}}{\varepsilon_{\Sigma-Z}}\approx4.93$。

表 4-6　有无装 Zanker 调整器情况下总体流速累计误差 ε_{Σ} 值对比分析表

类别	于管道横截面的投影示意图	ε_{Σ}	
		$Re=5.84\times10^4$	$Re=5.84\times10^5$
装有 Zanker 调整器		6.467	84.706
未安装 Zanker 调整器		36.556	417.975

可以看出，Re 增大，$\varepsilon_{\Sigma-Z}$、$\varepsilon_{\Sigma-none}$ 增大，且 Re 越大，涡旋发生器下游流体所出现的畸变越严重；$Re=5.84\times10^4$ 下 $\frac{\varepsilon_{\Sigma-none}}{\varepsilon_{\Sigma-Z}}\approx5.65$，$Re=5.84\times10^5$ 下 $\frac{\varepsilon_{\Sigma-none}}{\varepsilon_{\Sigma-Z}}\approx4.93$，这表明 Zanker 调整器具有较好的整流效果，且 Re 越小，效果越显著。

2. 单一截面流速累计误差 $\varepsilon_{\Sigma-z_k}$

如图 4-22 所示为有无 Zanker 调整器情况下的单一截面流速累计误差 $\varepsilon_{\Sigma-z_k}$ 变化图(即 $\varepsilon_{\Sigma-z_k-Z}$、$\varepsilon_{\Sigma-z_k-none}$ 随 z_k 变化的关系图)。

(1) $Re=5.84\times10^4$ 情况下，在 $z_k\geqslant30D_p$ 后，$\varepsilon_{\Sigma-z_k-Z}\approx0.5$，且基本收敛，而 $\varepsilon_{\Sigma-z_k-none}$ 在 0～$80D_p$ 持续呈下降趋势，特别地在 $z_k=80D_p$ 处的 $\varepsilon_{\Sigma-z_k-none}=1.338$，比 $z_k\geqslant4D_p$ 时的 $\varepsilon_{\Sigma-z_k-Z}$ 都要大，其中 $\frac{\varepsilon_{\Sigma-z_k-none}}{\varepsilon_{\Sigma-z_k-Z}}\approx2.57$。这表明 Zanker 调整器下游流体在 $z_k\geqslant30D_p$ 后相当稳定，而没有调整器的流体在 $z_k=80D_p$ 处的稳定性仍然

不及Zanker调整器下游 $z_k \geq 4D_p$ 内流体。

（2）$Re = 5.84 \times 10^5$ 情况下（与 $Re = 5.84 \times 10^4$ 相比），$\varepsilon_{\Sigma-z_k-Z}$、$\varepsilon_{\Sigma-z_k-none}$ 均明显增大，其中 $\varepsilon_{\Sigma-z_k-Z}$ 在 $z_k \geq 30D_p$ 后趋于相对平稳（$\varepsilon_{\Sigma-z_k-Z}$ 稳定值约为 $Re = 5.84 \times 10^4$ 时的9倍），Re 越大，Zanker调整器下游流体需要流动越长的距离以达到稳定；特别地在 $z_k = 80D_p$ 处的 $\varepsilon_{\Sigma-z_k-none} = 20.746$，比 $z_k \geq 4D_p$ 的 $\varepsilon_{\Sigma-z_k-Z}$ 都要大，其中 $\frac{\varepsilon_{\Sigma-z_k-none}}{\varepsilon_{\Sigma-z_k-Z}} \approx 4.67$。这表明 Re 越大，相对于没有调整器的作用情况，Zanker调整器在 $z_k = 80D_p$ 处的整流效果越显著。

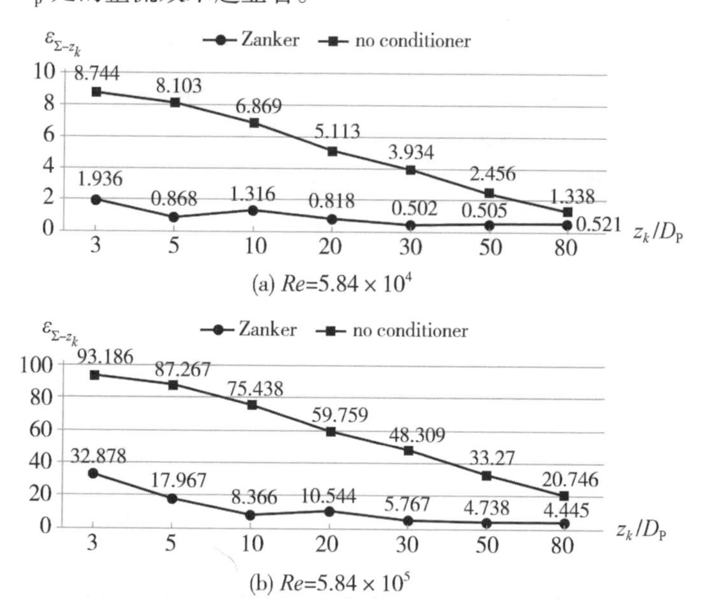

图4-22 有无Zanker调整器情况下的单一截面流速累计误差 $\varepsilon_{\Sigma-z_k}$ 变化图

综合以上分析，不管 $Re = 5.84 \times 10^4$ 或 $Re = 5.84 \times 10^5$，要使 $\varepsilon_{\Sigma-z_k-Z}$ 达到平稳状态，所需直管仍较长（约 $10D_p$ 以上），优化该调整器结构以改善 $z_k \leq 4D_p$ 流场，仍有需求及空间。

3. 单一截面不同节圆流速平均累计误差 $\bar{\varepsilon}_{\Sigma-z_k,r_i}$

图4-23为 $Re = 5.84 \times 10^4$ 下，$z_k = 5D_p$、$z_k = 50D_p$ 处单一截面不同节圆的流速平均累计误差分布信息图。在 $z_k = 5D_p$ 处，$\bar{\varepsilon}_{\Sigma-z_k,r_i-Z} \leq 0.025$；在 $z_k = 50D_p$ 处，$\bar{\varepsilon}_{\Sigma-z_k,r_i-Z} \leq 0.018$，这表明Zanker调整器在 $Re = 5.84 \times 10^4$ 下整流效果较好。

图4-24为 $Re = 5.84 \times 10^5$ 下，$z_k = 5D_p$、$z_k = 50D_p$ 处单一截面不同节圆的流速平均累计误差分布信息图。在 $z_k = 5D_p$、$|r_i| \leq 0.1D_p$，$\bar{\varepsilon}_{\Sigma-z_k,r_i-Z} \approx 0.8$ 是 $\bar{\varepsilon}_{\Sigma-z_k,r_i-none} \approx 0.34$ 的2.35倍。在 $z_k = 50D_p$ 处，$\bar{\varepsilon}_{\Sigma-z_k,r_i-Z} \leq 0.162$ 恢复低位水平。

这表明 $Re=5.84\times10^5$ 较大时，$z_k=5D_p$、$|r_i|\leqslant0.1D_p$ 的 $\bar{\varepsilon}_{\Sigma-z_k,r_i-Z}$ 有待进一步降低，Zanker 调整器 $|r_i|\leqslant0.1D_p$ 内结构有优化空间。

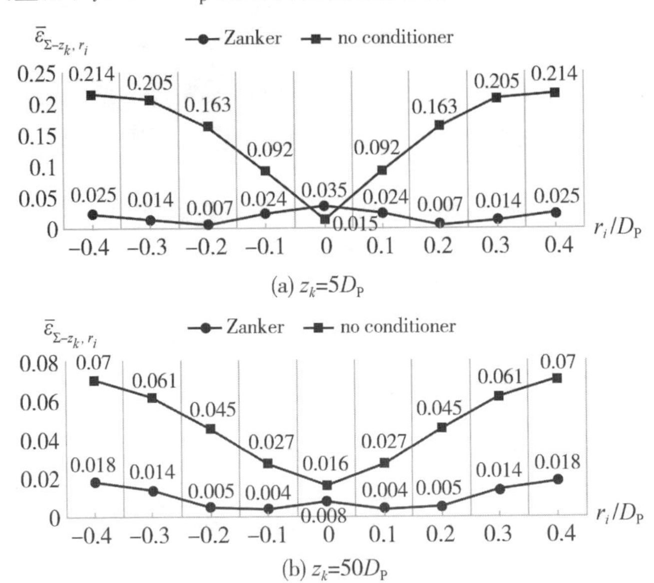

图 4－23　不同 z_k 值处单一截面不同节圆的流速平均累计误差分布信息图（$Re=5.84\times10^4$）

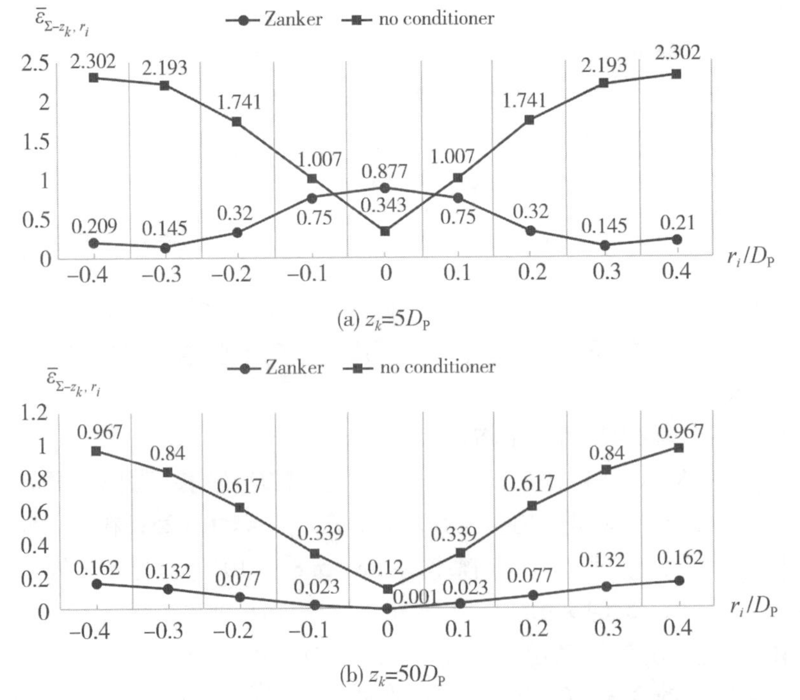

图 4－24　不同 z_k 值处单一截面不同节圆的流速平均累计误差分布信息图（$Re=5.84\times10^5$）

彩图 4-25 为 $Re=5.84\times10^4$、$Re=5.84\times10^5$ 下 Zanker 调整器横截面处流速分布信息图。$Re=5.84\times10^4$ 时的 Zanker 调整器流速分布信息图样与图 4-14 中的充分发展流速分布图非常相似。而 $Re=5.84\times10^5$ 时，$z_k=5D_p$ 处流速分布图呈四方形状，越靠近中心区域越明显，表明 Re 较大时，Zanker 调整器中心区域结构可待进一步优化以改善近调整器区域流场。

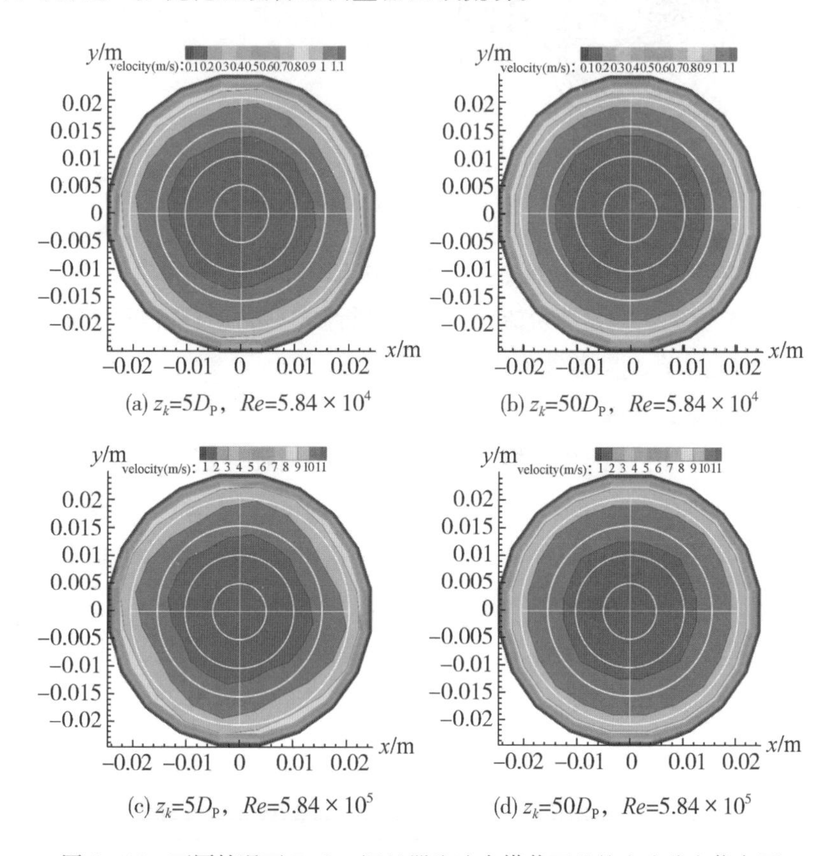

(a) $z_k=5D_p$，$Re=5.84\times10^4$　(b) $z_k=50D_p$，$Re=5.84\times10^4$

(c) $z_k=5D_p$，$Re=5.84\times10^5$　(d) $z_k=50D_p$，$Re=5.84\times10^5$

图 4-25　不同情况下 Zanker 调整器流速在横截面处的流速分布信息图

综合上述基于性能评价方法 Zanker 调整器性能分析，可以看出：①Zanker 调整器孔径、节圆尺寸多达 10 种，结构复杂、不利于制造，简化尺寸参数(如将相近孔径、节圆统一)有助于提升调整器的可制造性；②调整器中心 4 孔区域在 $Re=5.84\times10^5$ 时容易造成近调整器处($z_k=5D_p$)流场分布呈四方形，可适当改变该 4 孔径大小以改善 Re 较大时靠近调整器区域流场的充分发展水平。

4.3.2.2　Zanker 调整器优化结构与优化

基于 Zanker 调整器性能分析得出结构优化结论，可得到如图 4-26 所示的 Zanker 调整器优化结构，即等径多孔调整器，具体优化表现在：①统一 d_4、d_5

孔节圆为 D_4 节圆；②统一使 $d_1=d_2=d_3$。改变 d_1 值，进行 CFD 仿真，探索调整器性能随 d_1 变化的关系，寻求最佳 d_1 值。

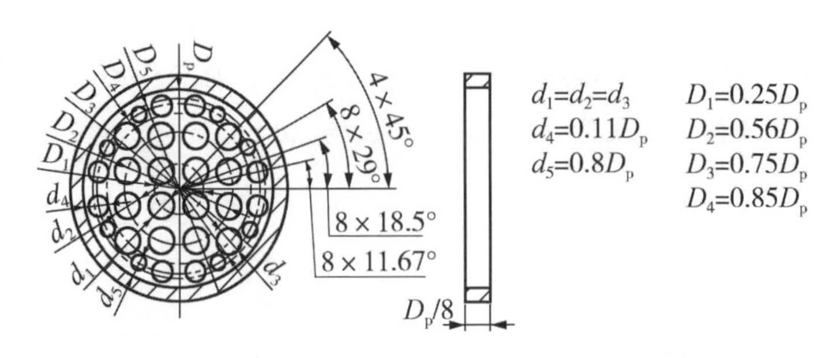

图 4－26　Zanker 调整器优化结构

分别令 $d_1=0.12D_p$、$0.13D_p$、$0.14D_p$、$0.15D_p$，进行等径多孔调整器建模，并按照4.2.2 节流动调整器评价流程，分别进行 CFD 仿真与调整器性能分析，探索 d_1 变化与等径多孔调整器性能之间的关系。

1. 总体流速累计误差 ε_Σ

表4－7 为不同情况下的总体流速累计误差 ε_Σ 对比分析表，在 $0\sim80D_p$ 内，当 $Re=5.84\times10^4$ 时，$\varepsilon_{\Sigma-d_1=0.14D_p}<\varepsilon_{\Sigma-d_1=0.15D_p}<\varepsilon_{\Sigma-d_1=0.13D_p}<\varepsilon_{\Sigma-Z}<\varepsilon_{\Sigma-d_1=0.12D_p}<\varepsilon_{\Sigma-\mathrm{none}}$，表明 d_1 分别为 $0.14D_p$、$0.15D_p$、$0.13D_p$ 时，等径多孔调整器整流效果均比 Zanker 调整器的好，其中 $d_1=0.14D_p$ 时最优；当 $Re=5.84\times10^5$ 时，$\varepsilon_{\Sigma-d_1=0.13D_p}<\varepsilon_{\Sigma-d_1=0.14D_p}<\varepsilon_{\Sigma-d_1=0.15D_p}<\varepsilon_{\Sigma-Z}<\varepsilon_{\Sigma-d_1=0.12D_p}<\varepsilon_{\Sigma-\mathrm{none}}$，表明 d_1 分别为 $0.13D_p$、$0.14D_p$、$0.15D_p$ 时，等径多孔调整器整流效果也比 Zanker 调整器的好，且在 $d_1=0.13D_p$ 时为最优。

表 4－7　不同情况下的总体流速累计误差 ε_Σ 对比分析表

类别	于管道横截面投影示意图	ε_Σ	
		$Re=5.84\times10^4$	$Re=5.84\times10^5$
装有等径多孔调整器	$d_1=0.12D_p$	10.198	103.538

续表 4－7

类别	于管道横截面投影示意图	ε_{Σ}	
		$Re=5.84\times10^4$	$Re=5.84\times10^5$
装有等径多孔调整器	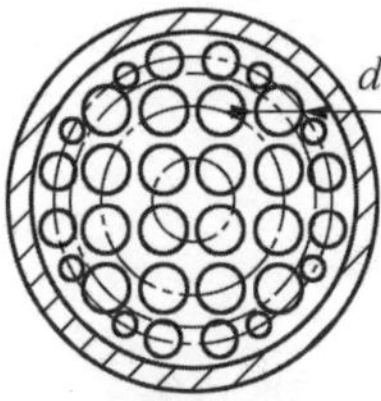 $d_1=0.13D_p$	6.304	63.546
	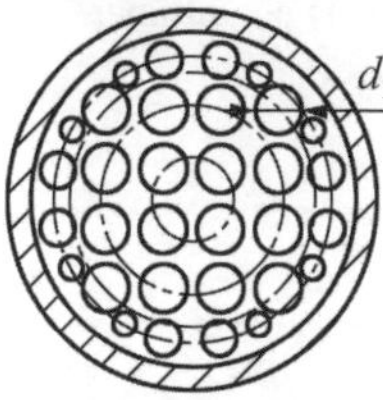 $d_1=0.14D_p$	5.281	68.508
	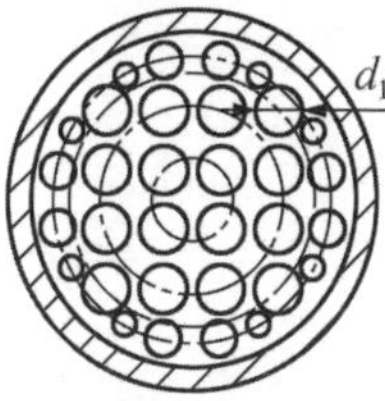 $d_1=0.15D_p$	5.581	73.432
装有 Zanker 调整器	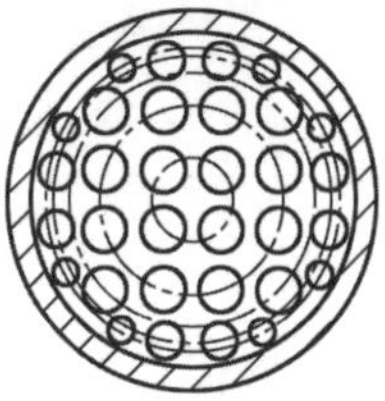	6.467	84.706
未安装调整器	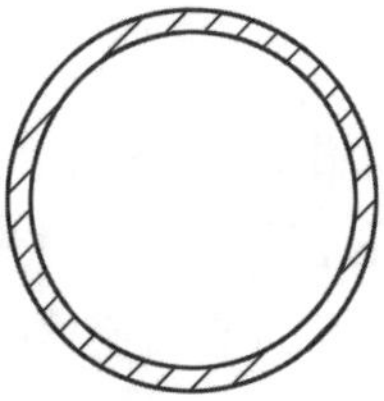	36.556	417.975

2. 单一截面流速累计误差 $\varepsilon_{\Sigma-z_k}$

彩图 4－27 为不同情况下单一截面流速累计误差 $\varepsilon_{\Sigma-z_k}$ 随 z_k 变化的关系图。

（1）$Re=5.84\times10^4$ 情况下，$\varepsilon_{\Sigma-z_k-d_1=0.13D_p}$、$\varepsilon_{\Sigma-z_k-d_1=0.14D_p}$、$\varepsilon_{\Sigma-z_k-d_1=0.15D_p}$ 与 $\varepsilon_{\Sigma-z_k-Z}$ 基本重合，表明 Re 较小时，分别在 $d_1=0.13D_p$、$0.14D_p$、$0.15D_p$ 下，等径多孔调整器性能与 Zanker 调整器基本相同，但等径多孔调整器的结构更为

简单。

（2）$Re=5.84\times10^5$ 情况下，在 $z_k\leqslant10D_p$ 时，基本有 $\varepsilon_{\Sigma-z_k-d_1=0.14D_p}<\varepsilon_{\Sigma-z_k-Z}$，而 $z_k>20D_p$ 时 $\varepsilon_{\Sigma-z_k-d_1=0.14D_p}\approx\varepsilon_{\Sigma-z_k-Z}$，表明 Re 较大时，$d_1=0.14D_p$ 的 $z_k\leqslant10D_p$ 内流场稳定性比 Zanker 调整器好，分别在 $z_k=3D_p$、$z_k=5D_p$、$z_k=10D_p$ 处，

$\frac{\varepsilon_{\Sigma-z_k-Z}}{\varepsilon_{\Sigma-z_k-d_1}}=0.14D_p\approx1.36$、1.50、1.03。

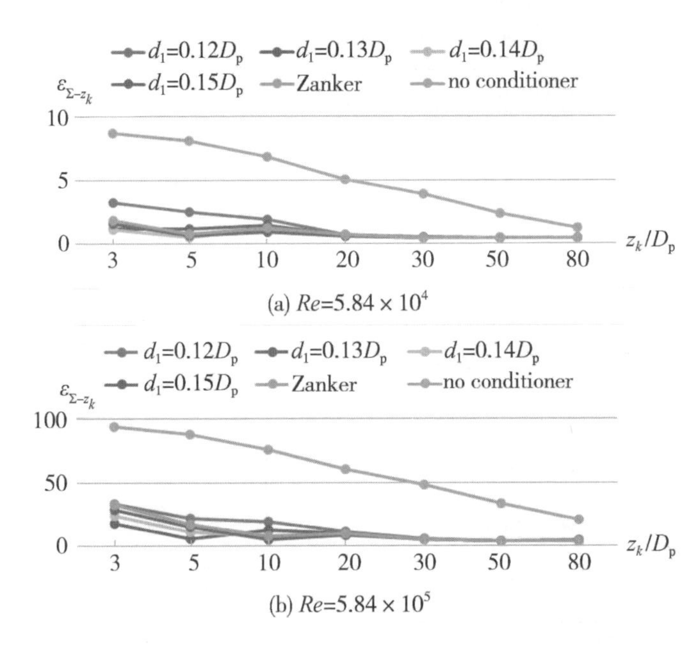

图 4－27　不同情况下单一截面流速累计误差 $\varepsilon_{\Sigma-z_k}$ 随 z_k 变化的关系图

3. 单一截面不同节圆的流速平均累计误差 $\bar{\varepsilon}_{\Sigma-z_k,r_i}$

上述分析表明 $Re=5.84\times10^4$ 时，调整器优化前后整流效果差异不太明显，下面重点对 $Re=5.84\times10^5$ 条件下的流速平均累计误差展开讨论。彩图 4－28 为 $Re=5.84\times10^5$，$z_k=5D_p$、$z_k=50D_p$ 处单一截面不同节圆流速平均累计误差分布信息图，其差异主要体现在彩图 4－28a 中。在 $|r_i|\leqslant0.5D_p$，$\varepsilon_{\Sigma-z_k,r_i-d_1=0.13D_p}$（$\approx$0.13）$<\varepsilon_{\Sigma-z_k,r_i-d_1=0.14D_p}$（$\approx$0.49）$<\varepsilon_{\Sigma-z_k,r_i-Z}$（$\approx$0.79），表明 Re 较大时，$d_1=0.13D_p$、$d_1=0.14D_p$ 结构在 $z_k=5D_p$ 处的累计误差分别为 Zanker 调整器的 $\frac{1}{6}$、$\frac{5}{8}$。

彩图 4－28b 中，

$\varepsilon_{\Sigma-z_k,r_i-d_1=0.12D_p}\approx\varepsilon_{\Sigma-z_k,r_i-d_1=0.13D_p}\approx\varepsilon_{\Sigma-z_k,r_i-d_1=0.14D_p}\approx\varepsilon_{\Sigma-z_k,r_i-d_1=0.15D_p}\approx\varepsilon_{\Sigma-z_k,r_i-Z}$（均 <0.2），

表明 $z_k=50D_p$ 处等径多孔调整器与Zanker调整器性能相近。

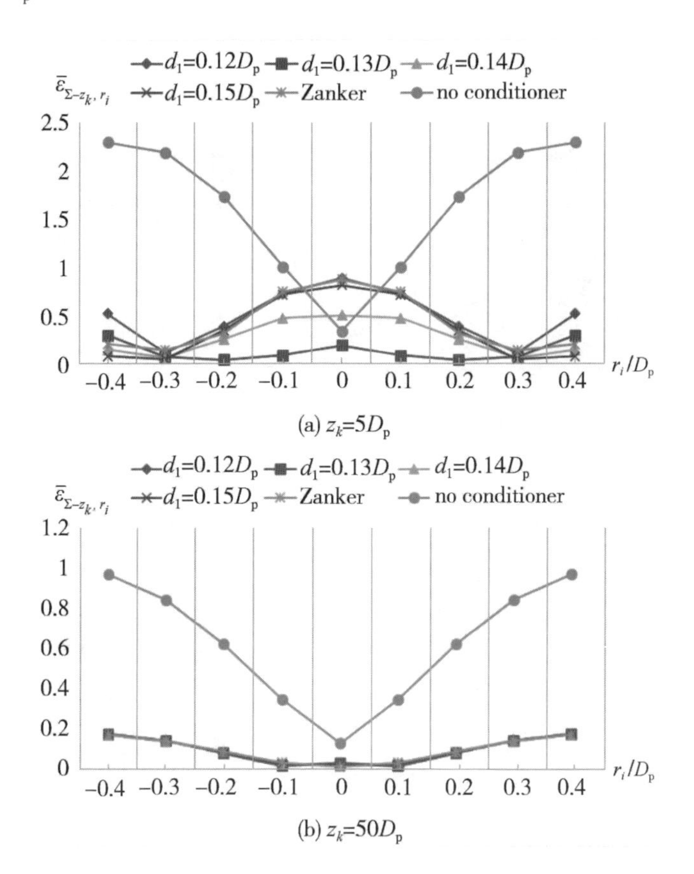

图4-28 不同 z_k 值处单一截面不同节圆流速平均累计误差分布信息图（$Re=5.84\times10^5$）

彩图4-29为 $Re=5.84\times10^5$ 时不同情况下 $z_k=5D_p$ 处横截面的流速分布信息图，与充分发展流速（见彩图4-29f）相比，$d_1=0.14D_p$（见图4-20c）、$d_1=0.15D_p$（见图4-20d）时流速分布对称性、速度值均较相近，但结合上述误差分析可知 $d_1=0.14D_p$ 结构的整流效果更好。

可以看出，与Zanker调整器相比，本书提出的等径多孔调整器（统一相近孔径、节圆），具有如下特点：

①等径多孔调整器将孔径、节圆尺寸从10种降到7种，有效简化了调整器的结构尺寸参数，有助于提升调整器的可制造性。

②中心区域16大孔的孔径 d_1 对等径多孔调整器的性能优化有着直接的影响，$d_1=0.14D_p$ 时的调整器取得最佳性能。当 $Re=5.84\times10^5$，在 $z_k\leqslant10D_p$ 处安装优化调整器（$d_1=0.14D_p$）后均有 $\varepsilon_{\Sigma-z_k,r_i-d_1=0.14D_p}<\varepsilon_{\Sigma-z_k,r_i-Z}$。

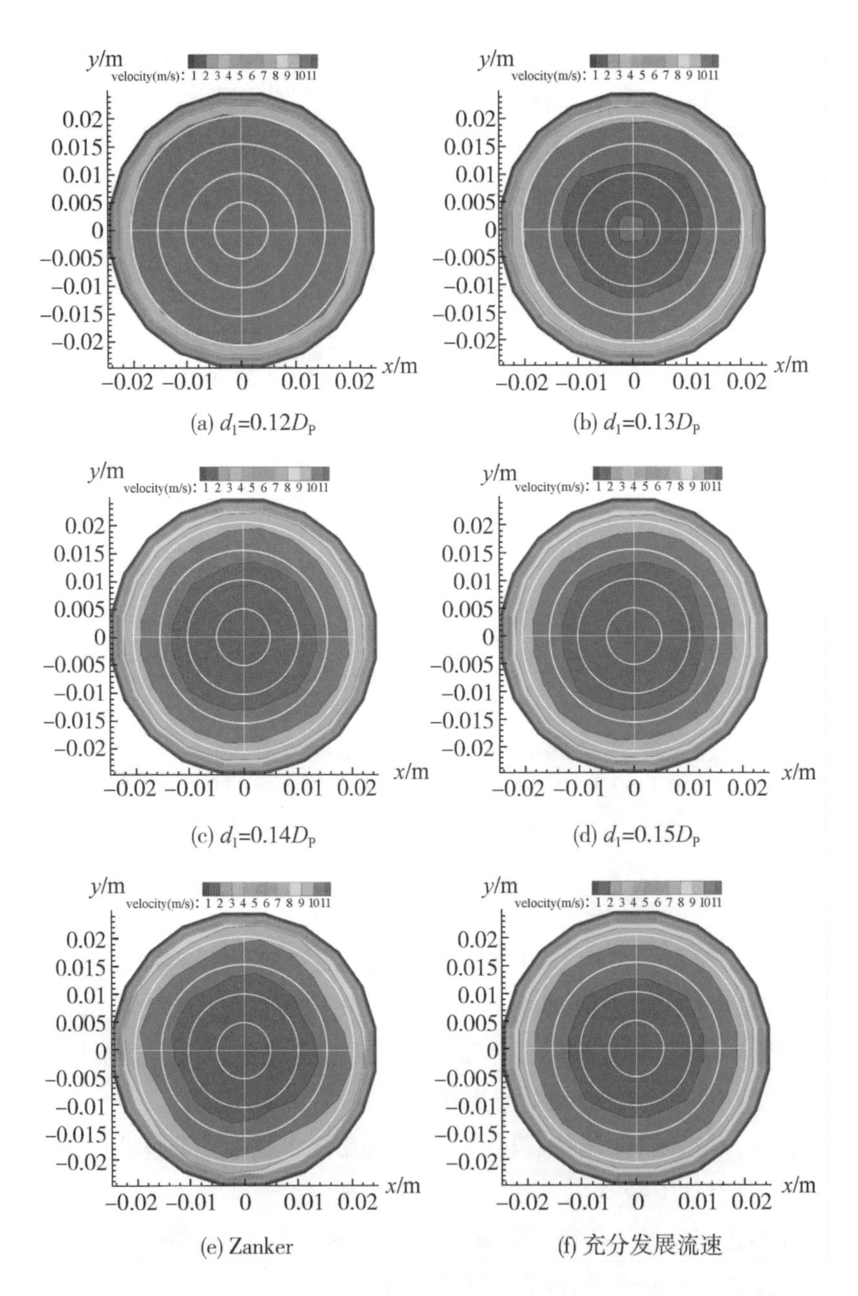

(a) d_1=0.12D_P　(b) d_1=0.13D_P

(c) d_1=0.14D_P　(d) d_1=0.15D_P

(e) Zanker　(f) 充分发展流速

图 4－29　不同情况下 $z_k=5D_p$ 横截面流速分布信息图($Re=5.84\times10^5$)

4.4　基于正交设计的组合式调整器方案

组合式调整器一般由叶片、多孔板构成，即其叶片对不规则流体进行初步整流，再加以孔板流动调整器作用，可使流体在短距离内获得完全轴对称充分发展的流速分布。第 1 章已阐明当前组合式流动调整器结构复杂、涉及参数较多，若采用逐一参数分析方法进行调整器设计，需进行反复试验，非常复杂，而正交设计是研究多因素多水平实验项目的一种高效、经济的实验设计方法，故下面基于正交设计方法，以空心窗花式调整器（$h_{vane}=0.3D_p$）、等径多孔调整器（$d_1=0.14D_p$）为组合式调整器前、后端构件，探索简化组合式流动调整器的设计方法。

图 4－30 所示为由空心窗花式调整器（$h_{vane}=0.3D_p$）、等径多孔调整器（$d_1=0.14D_p$）构成的组合式调整器结构，主要考虑 l_{up}（前端构件长度）、l_{gap}（前后端间隔）、d_{open}（叶片空心直径）等因素，各因素相互独立，且均为 2 水平，采用 $L_4(2^3)$ 正交试验表进行组合式调整器试验方案设计。表 4－8 为组合式调整器正交试验方案表。相对于叶片、孔板调整器，组合式调整器在流体畸变越严重的情况下所呈现的性能优越特征越明显，故将图 4－4 通用流动调整器研究模型中涡旋发生器与流动调整器间距从 $5D_p$ 改成 D_p 进行仿真。

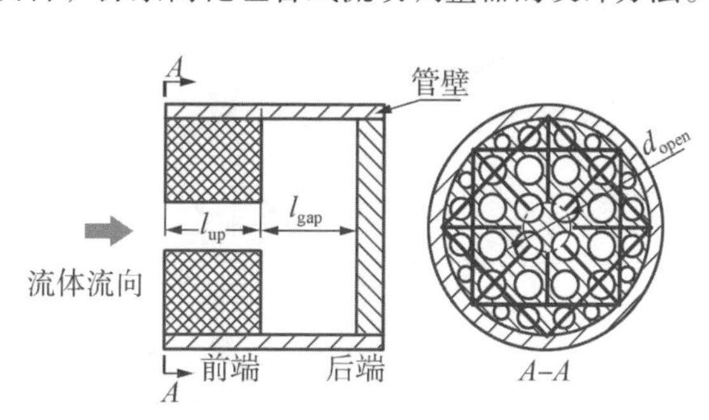

图 4－30　组合式调整器结构图

表 4－8　组合式调整器正交试验方案表

序号	因素水平		
	l_{up}	l_{gap}	d_{open}
试验 1	$0.25D_p$	0	$0.25D_p$
试验 2	$0.25D_p$	D_p	$0.39D_p$
试验 3	$0.125D_p$	0	$0.39D_p$
试验 4	$0.125D_p$	D_p	$0.25D_p$

表4－9所示为不同正交试验方案下组合式调整器总体流速累计误差 ε_Σ 信息表。根据正交设计极差分析法，对组合式调整器因素水平进行分析（见表4－10），从表中可看出，不管是在 $Re=5.84\times10^4$ 或是 $Re=5.84\times10^5$ 的情况下，因素水平主次顺序均为 $l_{gap}>l_{up}>d_{open}$，优组合均为 $l_{up}=0.125D_p$、$l_{gap}=D_p$、$d_{open}=0.39D_p$，这表明 l_{gap} 是影响组合式调整器性能的较主要因素，当 $l_{up}=0.125D_p$、$l_{gap}=D_p$、$d_{open}=0.39D_p$ 时组合式调整器性能相对较优。

表4－9　不同正交试验方案下组合式调整器总体流速累计误差 ε_Σ 信息表

类别		流动调整器在管道横截面投影	ε_Σ	
			$Re=5.84\times10^4$	$Re=5.84\times10^5$
组合式调整器	试验1	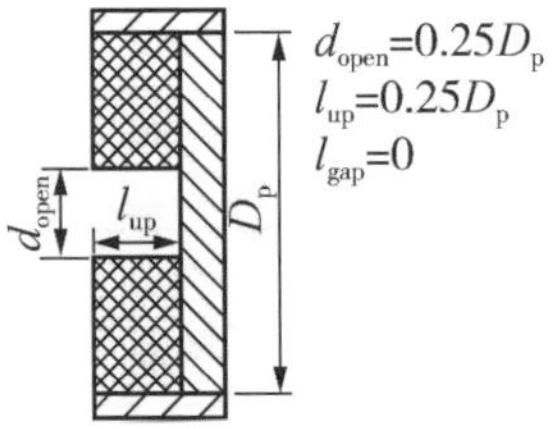 $d_{open}=0.25D_p$ $l_{up}=0.25D_p$ $l_{gap}=0$	11.572	110.960
	试验2	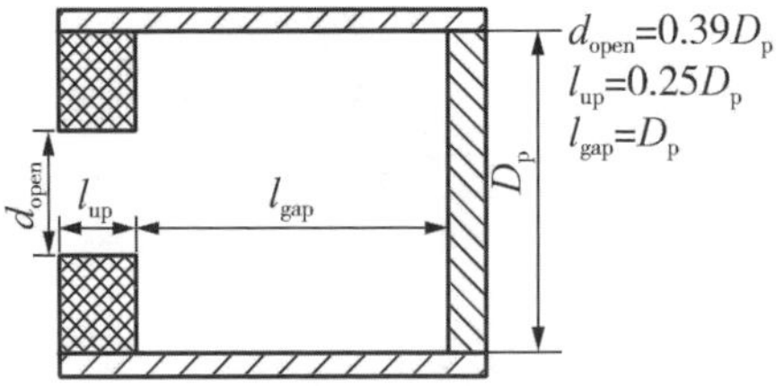 $d_{open}=0.39D_p$ $l_{up}=0.25D_p$ $l_{gap}=D_p$	6.345	77.633
	试验3	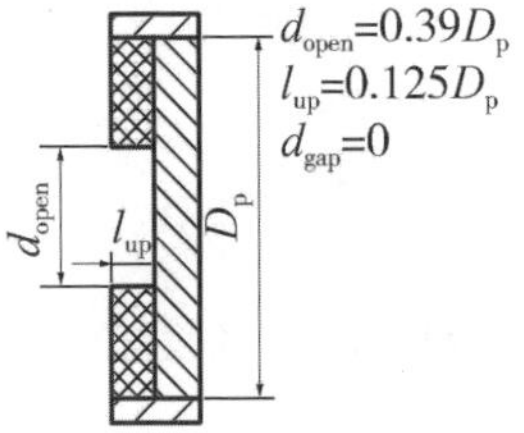 $d_{open}=0.39D_p$ $l_{up}=0.125D_p$ $d_{gap}=0$	7.912	81.321
	试验4	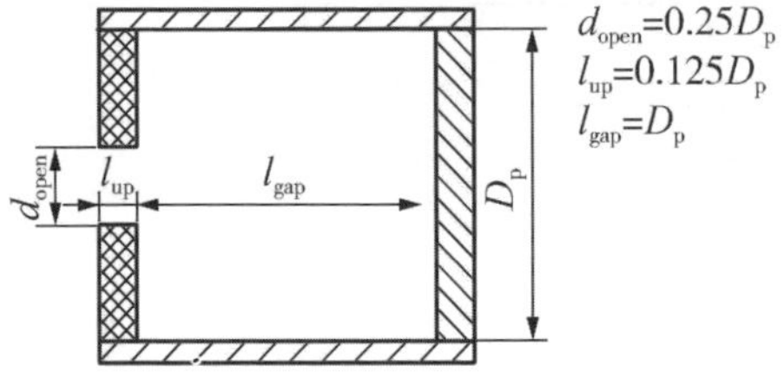 $d_{open}=0.25D_p$ $l_{up}=0.125D_p$ $l_{gap}=D_p$	6.538	80.504

表 4－10　组合式调整器因素水平分析表

雷诺数	因素	水平 1 的 ε_{Σ} 均值	水平 2 的 ε_{Σ} 均值	极差	因素主次顺序	优组合
$Re=5.84\times10^4$	l_{up}	8.958	7.225	1.733	$l_{gap}>d_{open}>l_{up}$	$l_{up}=0.125D_p$；$l_{gap}=D_p$；$d_{open}=0.39D_p$
	l_{gap}	9.742	6.441	3.301		
	d_{open}	9.055	7.128	1.927		
$Re=5.84\times10^5$	l_{up}	94.296	80.912	13.384	$l_{gap}>d_{open}>l_{up}$	$l_{up}=0.125D_p$；$l_{gap}=D_p$；$d_{open}=0.39D_p$
	l_{gap}	96.141	79.069	17.072		
	d_{open}	95.732	79.477	16.255		

彩图 4－31 为不同调整器单一截面流速累计误差 $\varepsilon_{\Sigma-z_k}$ 曲线图，不管是在 $Re=5.84\times10^4$ 或是 $Re=5.84\times10^5$ 的情况下，在 $z_k\leqslant10D_p$ 内基本有

$$\varepsilon_{\Sigma-z_k-\text{Test4}}<\varepsilon_{\Sigma-z_k-h_{vane}=0.3D_p}、\varepsilon_{\Sigma-z_k-\text{试验4}}<\varepsilon_{\Sigma-z_k-d_1=0.14D_p},$$

这表明在流体畸变较严重时，组合式调整器下游 $z_k\leqslant10D_p$ 内流场的充分发展程度较空心窗花调整器、等径多孔调整器更佳，其中在 $z_k=5D_p$ 处差异最明显，

$$Re=5.84\times10^4\text{ 时，}\frac{\varepsilon_{\Sigma-z_k-h_{vane}=0.3D_p}}{\varepsilon_{\Sigma-z_k-\text{试验4}}}\approx1.57、\frac{\varepsilon_{\Sigma-z_k-d_1=0.14D_p}}{\varepsilon_{\Sigma-z_k-\text{试验4}}}\approx1.85,$$

$$Re=5.84\times10^5\text{ 时，}\frac{\varepsilon_{\Sigma-z_k-h_{vane}=0.3D_p}}{\varepsilon_{\Sigma-z_k-\text{试验4}}}\approx1.57、\frac{\varepsilon_{\Sigma-z_k-d_1=0.14D_p}}{\varepsilon_{\Sigma-z_k-\text{试验4}}}\approx1.44。$$

此外，不管 $Re=5.84\times10^4$ 或 $Re=5.84\times10^5$ 均有 $\varepsilon_{\Sigma-z_k-\text{试验2}}\approx\varepsilon_{\Sigma-z_k-\text{试验4}}$，其中试验 2：$l_{up}=0.25D_p$、$l_{gap}=D_p$、$d_{open}=0.39D_p$；试验 4：$l_{up}=0.125D_p$、$l_{gap}=D_p$、$d_{open}=0.25D_p$，两者 l_{gap} 相同，l_{up}、d_{open} 各异，对比而表 4－10 中优组合：$l_{up}=0.125D_p$、$l_{gap}=D_p$、$d_{open}=0.39D_p$ 表明试验 2 与试验 4 中 l_{up}、d_{open} 的效果差异互相抵消。

可以看出，本书提出的基于正交设计的组合式调整器方案设计，具有如下特点：

①当同时存在多因素情况，能快速区分影响调整器性能的主次因素顺序，便于进一步重点对主要因素深入研究，减少试验次数；

②当 $l_{up}=0.125D_p$、$l_{gap}=D_p$、$d_{open}=0.39D_p$ 时，由空心窗花式调整器（$h_{vane}=0.3D_p$）、等径多孔调整器（$d_1=0.14D_p$）构成的组合式调整器整流性能相对最优；

③与空心窗花式调整器（$h_{vane}=0.3D_p$）、等径多孔调整器（$d_1=0.14D_p$）相比，组合式调整器下游 $z_k\leqslant10D_p$ 内流场充分发展程度更优，特别地在 $z_k=5D_p$ 处空心窗花、等径多孔调整器的单一截面流速累计误差约为组合式调整器的 1.5 倍。

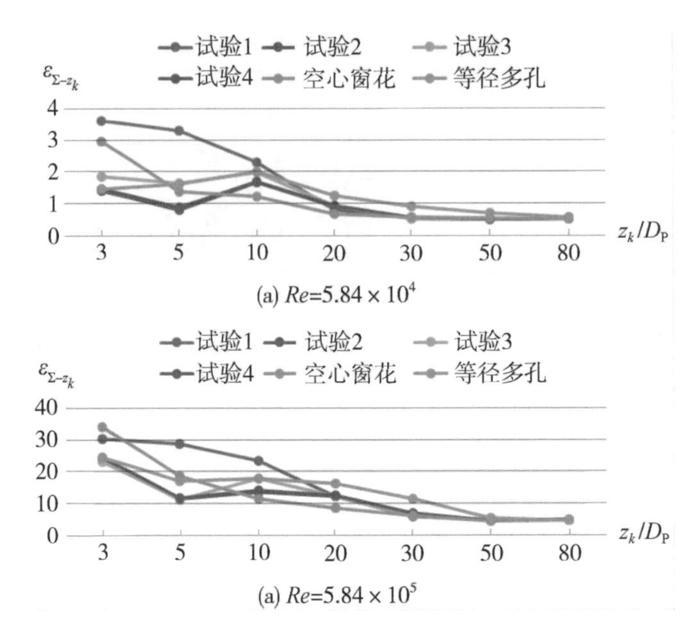

图 4－31　不同调整器单一截面流速累计误差

4.5　流动调整器可制造性的优化

流动调整器可制造性的优化是探索调整器快捷制造方法，减少制造成本、周期的有效环节。前面已从整流性能上对空心窗花调整器、等径多孔调整器、组合式调整器进行详细讨论，它们的可制造性如何、是否具有优化空间等相关问题还有待分析。鉴于等径多孔调整器、组合式调整器后端构件仅有一块多孔板，相应制造方式较为清晰。下面重点从空心窗花调整器、组合式调整器前端构件方面讨论其可制造性的优化问题。

空心窗花调整器与组合式调整器的前端构件形状相似，下面以空心窗花调整器为例，探索其可制造性的优化方法。图 4－32 为空心窗花调整器的横截面图，包含 P_1、P_2、P_3、P_4 类型连接点各 8 个，其中 P_1 为叶片与管壁的连接点，P_2 为三块叶片的连接点，P_3、P_4 为两块叶

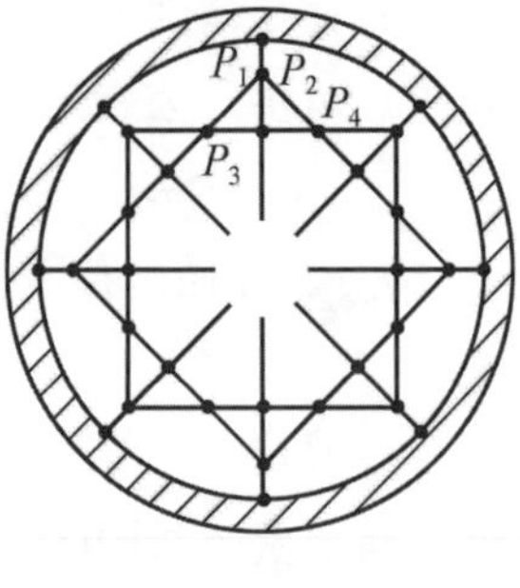

图 4－32　空心窗花调整器横截面

片的连接点。对连接叶片数为 n_i 的任意连接点 P_i，若采用两两叶片连接一次方式，需连接 n_i-1 次，故 $N_{\text{weld point}}$ 个连接点所需连接总次数为：

$$N_{\text{weld}-\Sigma}=\sum_{i=1}^{N_{\text{weld point}}}(n_i-1)=\sum_{i=1}^{N_{\text{weld point}}}n_i-N_{\text{weld point}} \tag{4-6}$$

对于图 4－32 所示的空心窗花调整器，若采用直观的两两叶片连接方式，共有 32 个连接点（P_1、P_2、P_3、P_4 各 8 个），其中 P_1、P_2、P_3、P_4 分别包含 2、4、4、4 块叶片，即 $N_{\text{weld point}}=32$、$n_1\sim n_8=2$、$n_9\sim n_{32}=4$，故直观连接法至少需连接各叶片共 $N_{\text{weld}-\Sigma}=112$ 次，工作量大，过程繁琐复杂。

根据式（4－6），若通过折曲叶片开槽卡位形成较稳固的叶片结构，减小 $N_{\text{weld point}}$、n_i，便可大大减小 $N_{\text{weld}-\Sigma}$。

彩图 4－33 所示为经优化设计得到的调整器构成方式一，由 8 个折曲叶片圆周阵列构成，共有 $N_{\text{weld point}}=32$（P_1、P_2、P_3、P_4 各 8 个）、$n_1\sim n_{32}=2$，故优化构成法一的 $N_{\text{weld}-\Sigma}=64$，较直观连接法减少 112－64＝48 次连接。

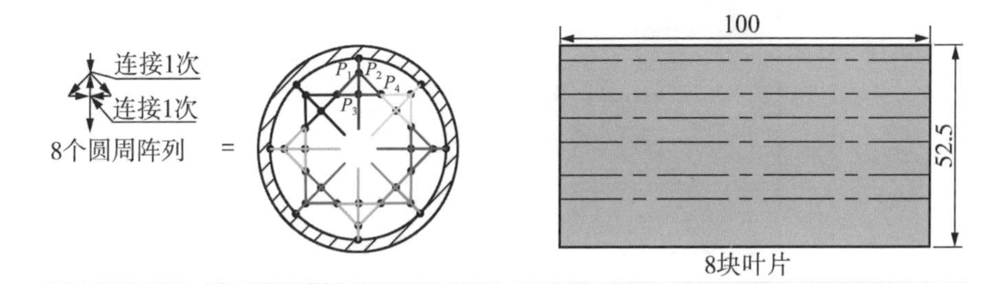

图 4－33　设计的调整器构成方式一

彩图 4－34 所示为经优化设计得到的调整器构成方式二，调整器由 2 片折曲叶片、6 片直板叶片构成，叶片交叉处采用开槽卡位固定，共有 $N_{\text{weld point}}=10$（8 个 P_1、2 个 P_2）、$n_1\sim n_{10}=2$，故优化构成法二的 $N_{\text{weld}-\Sigma}=10$，较直观连接法减少 112－10＝102 次连接、较优化构成法一减少 64－10＝54 次连接。表 4－11 所示为空心窗花调整器三种构成方式的特点对比。

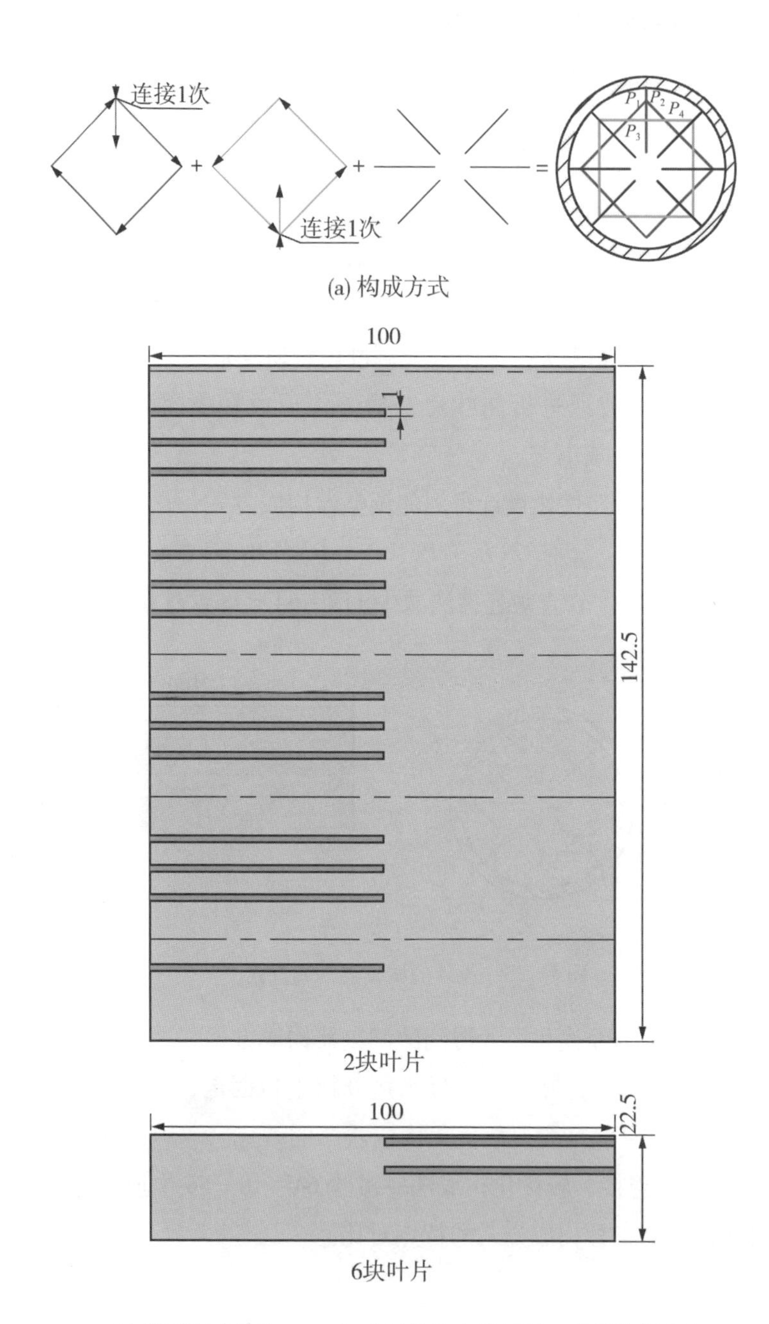

(b) 展开图（单位：mm）（绿色为去除材料；虚线为折痕）

图 4－34　设计的调整器构成方式二

表 4－11　空心窗花调整器三种构成方式的特点对比

构成方式	构成特点	$N_{weld\ point}$	n_i	$N_{weld-\Sigma}$
直观连接法	采用直观的两两叶片连接	32	$n_1 \sim n_8 = 2$ $n_9 \sim n_{32} = 4$	112
优化构成法一	由 8 个折曲叶片圆周阵列构成	32	$n_1 \sim n_{32} = 2$	64
优化构成法二	由 2 片折曲叶片、6 片直板叶片构成	10	$n_1 \sim n_{10} = 2$	10

可以看出，经过可制造性分析的空心窗花调整器的叶片优化构成方式，能有效减少叶片间连接次数(从原来 112 次降到 64 次、10 次)，大大减少调整器的制造成本、周期。

4.6　本章小结

本章研究探讨了基于 CFD 的流动调整器评价方法及流场优化策略，主要内容包括：

(1)提出基于 CFD 的流动调整器评价方法，该方法在构建模型时无需关联特定流量计，采样点能充分体现流场信息，并提出流动调整器的性能评价指标与物理意义。提出通用流动调整器研究模型的构建方法，采用涡旋发生器统一表示扰流件对流体造成的干扰程度，并利用 CFD 技术便捷获取调整器下游流速信息，实现构建模型时无需关联特定流量计。遵循位置分布均匀、数目越多越好、各横截面内分布一致等原则，推导了各采样点坐标的计算公式，使得采样点能充分体现流场信息。以充分发展流速为参考，提炼出总体流速累计误差 ε_Σ、单一截面流速累计误差 $\varepsilon_{\Sigma-z_k}$、单一截面不同节圆平均累计流速误差 $\bar{\varepsilon}_{\Sigma-z_k,r_i}$ 以作为流动调整器性能评价指标，其中，ε_Σ 越小，表明调整器下游 0 ～ z_k 内的流速越接近充分发展流速，总体整流性能越好；$\varepsilon_{\Sigma-z_k}$ 越小，表明调整器下游 Plane：$z=z_k$ 内的流速充分发展程度越高，流量计安装在 Plane：$z=z_k$ 附近越好；$\bar{\varepsilon}_{\Sigma-z_k,r_i}$ 越小，表明横截面 Plane：$z=z_k$ 内节圆半径 r_i 处的流体流速分布对称性越好。

(2)系统进行 Etoile 调整器、Zanker 调整器等典型流动调整器的性能仿真与结构优化，提出新颖的空心窗花式调整器以及等径多孔调整器结构。分析 Etoile 调整器性能发现，删除 $|r_i| \leqslant 0.1D_p$ 内交汇处叶片可加速流体稳定、增加近管壁

区域叶片可保证该区域流体得到有效整流。在此基础上提出空心窗花式调整器，研究表明：$h_{vane}=0.3D_p$ 时的空心窗花调整器性能最佳，且在 $Re=5.84\times10^4$、$z_k\leqslant 15D_p$ 内，$\varepsilon_{\Sigma-z_k-h_{vane}=0.3D_p}$远小于 $\varepsilon_{\Sigma-z_k-E}$；当 $Re=5.84\times10^5$，在 $z_k=10D_p$ 处安装空心窗花式调整器（$h_{vane}=0.3D_p$）最佳，此时 $\varepsilon_{\Sigma-z_k-h_{vane}=0.3D_p}\approx 0.5\varepsilon_{\Sigma-z_k-E}$。分析 Zanker 调整器性能发现，简化孔径、节圆尺寸可提升调整器可制造性，改变中心 4 孔大小可改善 Re 较大时靠近调整器区域流场的充分发展水平。在此基础上提出等径多孔调整器，将孔径、节圆尺寸从 10 种降到 7 种，中心 4 孔径 $d_1=0.14D_p$ 时的调整器性能最佳。

(3)探索性研究基于正交设计的组合式调整器方案，发现影响调整器性能的因素的主次顺序，并得到组合式调整器的性能优化结论。采用正交设计方法，对组合式调整器[以空心窗花式调整器（$h_{vane}=0.3D_p$）、等径多孔调整器（$d_1=0.14D_p$）为前、后端构件]的 l_{up}（前端构件长度）、l_{gap}（前后端间隔）、d_{open}（叶片空心直径）进行分析，研究表明：正交设计法能快速区分影响调整器性能的因素的主次顺序，以便进一步重点对主要因素进行深入研究，减少试验次数；当$l_{up}=0.125D_p$、$l_{gap}=D_p$、$d_{open}=0.39D_p$ 时，组合式调整器性能最优；在 $z_k=5D_p$ 处空心窗花、等径多孔调整器的单一截面流速累计误差约为组合调整器的 1.5 倍。

(4)探索研究流动调整器可制造性优化方法，有效地减少调整器的制造成本、周期。推导直观连接方式(两两叶片连接一次)下，$N_{weld\ point}$个连接点所需连接总次数计算公式；通过折曲叶片开槽卡位，提出两种优化构成方式，有效减少叶片间连接次数(分别从原来 112 次降到 64 次、10 次)，大大减少调整的器制造成本、周期，表明调整器可制造性的优化是推动调整器快捷制造的重要环节。

第 5 章　相关实验与应用实例

5.1　引言

本书于第 2 章研究了时差式超声流量计立体单声道的设计方法，于第 3 章研究了时差式超声流量计立体多声道的设计方法，于第 4 章研究了基于 CFD 的流动调整器评价方法及流场优化策略，这些理论及方法应用到具体时差式超声流量测量系统中后的效果如何需进行试验验证。

5.2　立体单声道超声流量计的设计实现与性能验证

本书已在第 2 章提出时差式超声流量计立体单声道设计的方法。下面研究其具体实施效果。

5.2.1　立体单声道超声流量计的设计

与广州某流量计公司合作设计立体单声道超声流量计，具体要求：①管径 $D_p = 50$ mm、换能器轴向间距 $l_{AB} = 110$ mm、声道宽 $D_{sig} = 6$ mm；②用于湍流状态流量测量；③期望技术指标覆盖率 $\zeta = 0.7$；④以工艺优先为设计原则。

1. 设计立体单声道平面模型

由式(2 - 12)、式(2 - 14)分别得最少声道段数 $N_p = 3$，各声道段与管道中心距离 $d_1 = 3$ mm、$d_2 = 8.12$ mm、$d_3 = 22$ mm；由式(2 - 15)、式(2 - 16)计算平面模型相邻声道段同/异侧夹角，得到如图 5 - 1 所示的 12 种平面声道模型。

2. 设计立体单声道拓扑结构

由于以工艺优先为原则，需对平面模型进行调整。以图 5 - 1 为例，根据

2.3.2 节声道平面模型调整方法，去掉声道段 $P'_3P'_4$，然后连接 $P'_3P'_1$，形成调整后声道平面模型（见图 5－2）；根据式（2－19）、式（2－20）可得各声道节点坐标，并得到立体单声道拓扑模型为 $P_1(25,0,0) \rightarrow P_2(25,166.22°,36.67) \rightarrow P_3(25,308.3°,73.33) \rightarrow P_4(25,0,110)$，见图 5－3。

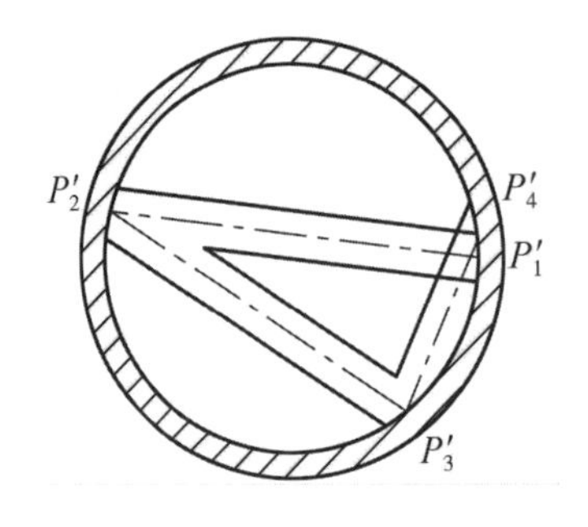

图 5－1　单声道平面声道模型示例

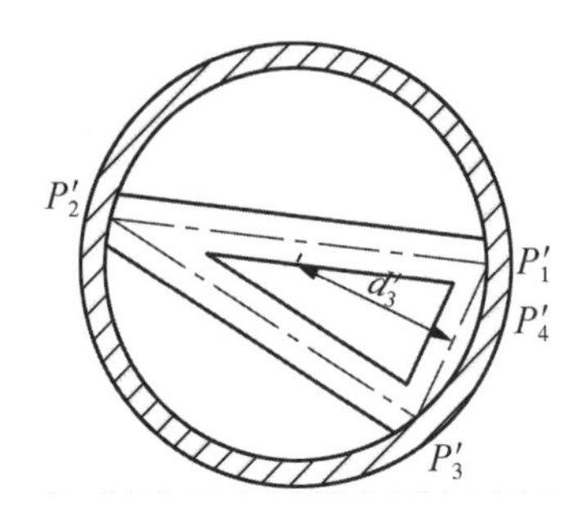

图 5－2　调整后单声道平面声道模型示例

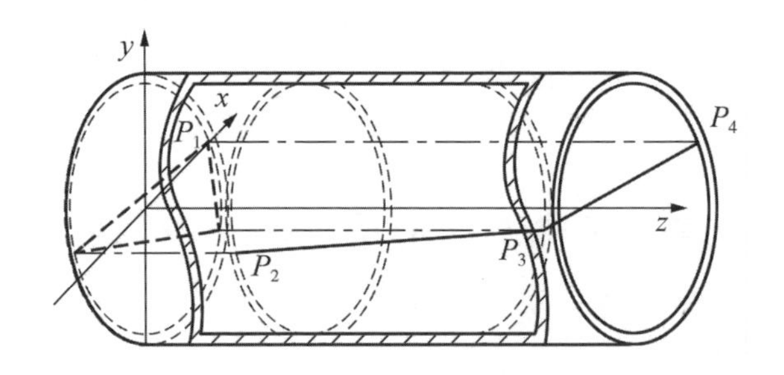

图 5－3　工艺优先立体单声道拓扑结构

在相同 $D_p = 50$ mm、$l_{AB} = 110$ mm 条件下，立体声道长度 $l_{3D-GY} = 164.21$ mm、覆盖率 $\zeta_{3D-GY} = 0.68$，而与典型 U 形声道 $l_U = 160$ mm、覆盖率 $\zeta_U = 0.076$ 相比，$l_{3D-GY} > l_U$，$\zeta_{3D-GY} = 8.95\zeta_U$，这表明立体声道设计能有效增长声道长度，大大提高声道覆盖率，提升声道对流场变化适应力，先进性比较明显。

图 5－4 所示为借鉴图 5－3 立体单声道拓扑结构制造出来的工艺优先立体单声道超声流量计。下面将通过有关试验对其性能进行分析。

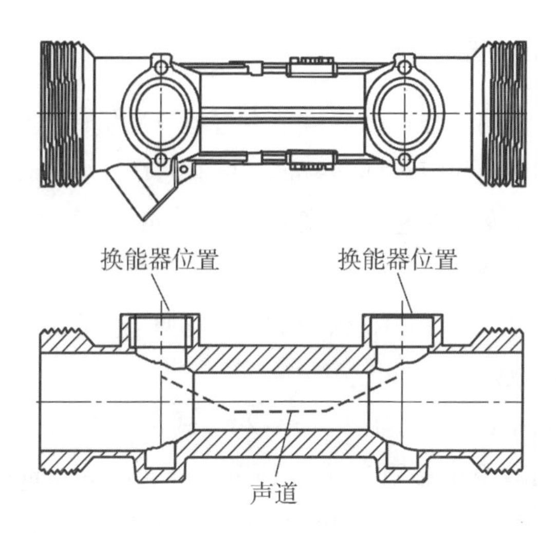

图 5－4　工艺优先立体单声道超声流量计内部结构

5.2.2　立体单声道超声流量计的性能验证

表 5－1 所示为工艺优先立体单声道超声流量计准确度试验结果。

报告表明，立体单声道流量计设计理论既满足可制造性，在 0.2 ～ 10.0 m^3/h 内示值误差亦小于 ±0.81%，适应性好，准确度高。

表 5－1　工艺优先立体单声道超声流量计准确度试验结果

流量/$m^3 \cdot h^{-1}$	最大允许误差/%	示值误差/%
0.2	±3.00	+0.36
1.0	±2.20	－0.37
10.0	±2.02	+0.81

5.3　立体多声道超声流量计的设计实现与性能验证

本书在第 3 章提出时差式超声流量计立体多声道的设计方法。下面研究其实施效果。

5.3.1 立体多声道超声流量计的设计

与广州某流量计公司合作设计立体单声道超声流量计，具体要求：①管径 $D_p=300\text{ mm}$、换能器轴向间距 $l_{AB}=174\text{ mm}$、声道宽 $D_{sig}=6\text{ mm}$、安装换能器需要空间直径 $D_{TR}=10\text{ mm}$、管道内壁粗糙度 $k_\delta=0.1\text{ mm}$；②介质为水，流体动力黏度系数为 $\mu_{fluid}=8.54\times10^{-4}\text{ kg/(m·s)}$，流体密度为 $\rho_{fluid}=996.799\text{ kg/m}^3$；③用于湍流状态流体（$Re=1.17\times10^5$）的流量测量；④期望技术指标覆盖率 $\zeta=0.56$；⑤以工艺优先为设计原则。

设计立体多声道平面模型。由式（3-2）、式（3-3）分别得最少声道段数 $N_p=12$、各声道段与管道中心距离 $d_1=3\text{ mm}$、$d_2=16.09\text{ mm}$、$d_3=29.18\text{ mm}$、$d_4=42.27\text{ mm}$、$d_5=55.36\text{ mm}$、$d_6=68.45\text{ mm}$、$d_7=81.55\text{ mm}$、$d_8=94.64\text{ mm}$、$d_9=107.73\text{ mm}$、$d_{10}=120.82\text{ mm}$、$d_{11}=133.91\text{ mm}$、$d_{12}=147\text{ mm}$；由式（2-8）得覆盖率 $\zeta_{design}\approx0.47$，由式（3-5）得声道数 $N_{path}=4$，各声道包含3段声道段；由式（3-7）得多声道平面模型组合排列数量 $\Sigma_{multi}=29\,937\,600$。若以"-"表示同侧连接，"～"表示异侧连接，选取其中 $d_1-d_{12}-d_2$、$d_3\sim d_{11}-d_4$、$d_5-d_6-d_7$、$d_8-d_9-d_{10}$ 此种声道段组合排列方式为例，经过式（3-11）～式（3-14）的换能器位置冲突避免处理后，得到如彩图5-5所示的多声道平面声道模型。

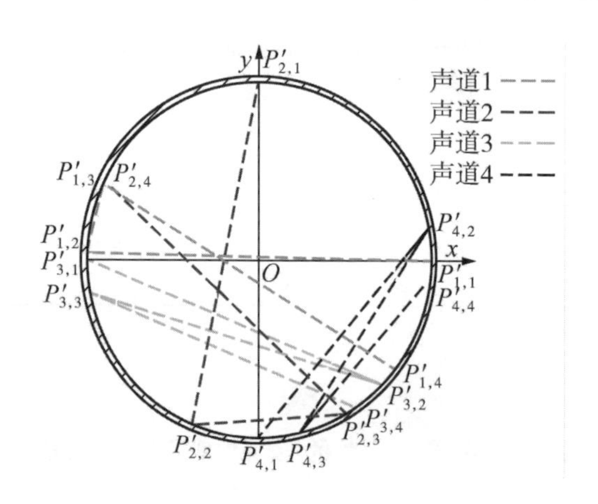

图5-5　多声道平面声道模型

设计立体多声道拓扑结构。对彩图5-5所示的多声道平面声道模型，根据式（3-10）、式（3-11）计算可得各声道节点坐标，并得立体多声道拓扑模型为 $P_{1,1}(150,0,0)\rightarrow P_{1,2}(150,177.71°,58)\rightarrow P_{1,3}(150,154.75°,116)\rightarrow$

$P_{1,4}(150, 322.44°, 174)$；$P_{2,1}(150, 89.77°, 0) \rightarrow P_{2,2}(150, 247.33°, 58) \rightarrow P_{2,3}(150, 300.9°, 116) \rightarrow P_{2,4}(150, 153.63°, 174)$；$P_{3,1}(150, 179.54°, 0) \rightarrow P_{3,2}(150, 316.22°, 58) \rightarrow P_{3,3}(150, 190.52°, 116) \rightarrow P_{3,4}(150, 304.65°, 174)$；$P_{4,1}(150, 269.3°, 0) \rightarrow P_{4,2}(150, 11.06°, 58) \rightarrow P_{4,3}(150, 282.88°, 116) \rightarrow P_{4,4}(150, 355.57°, 174)$，见彩图5-6。

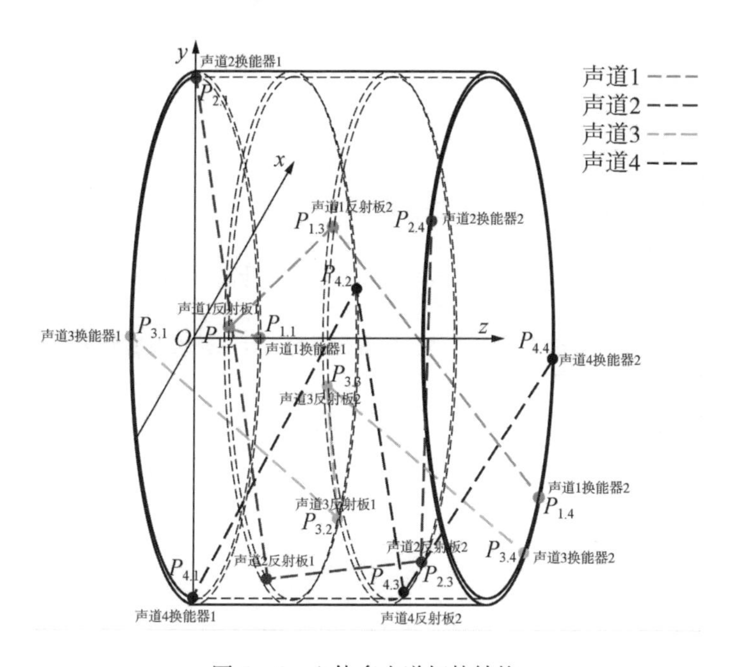

图5-6　立体多声道拓扑结构

确定多声道的单一声道流速加权系数。因管道内壁粗糙（$k_\delta = 0.1$ mm），$Re = 1.17 \times 10^5$，由式(3-26)得 $\omega_1 \approx 0.5189$、$\omega_2 \approx 0.2844$、$\omega_3 \approx 0.2565$、$\omega_4 \approx 0.2338$，由式(3-27)有 $Q_{multi} \approx 7.0686 \times 10^{-2}(0.5189v_1 + 0.2844v_2 + 0.2565v_3 + 0.2338v_4)$ m^3/s。

在相同的 $D_p = 300$ mm、$l_{AB} = 174$ mm 下，立体声道数目 $N_{path-design} = 4$、覆盖率 $\zeta_{design} = 0.47$，而与典型直射平行式声道 $N_{path-parallel} = 12$、覆盖率 $\zeta_{parallel} = 0.47$，$\zeta_{design} = \zeta_{parallel}$，$\frac{N_{path-design}}{N_{path-parallel}} = 1/3$，这表明设计声道可大大降低换能器数量并保证声道对流场高覆盖率，先进性比较明显。

图5-7所示为以彩图5-6立体单声道拓扑结构为参考制造出来的工艺优先立体多声道超声流量计。下面将通过有关试验分析其性能。

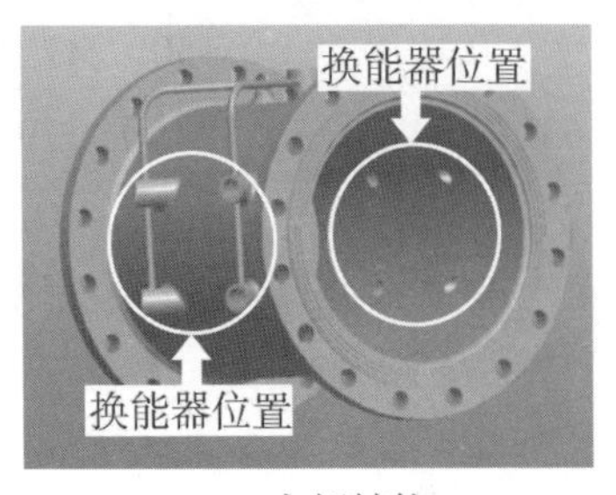

(a) 内部结构

(b) 实物图样

图 5 - 7　工艺优先立体多声道超声流量计

5.3.2　立体多声道超声流量计的性能验证

表 5 - 2 所示为工艺优先立体多声道超声流量计准确度试验结果。

表 5 - 2　工艺优先立体多声道超声流量计准确度试验结果

流量/$m^3 \cdot h^{-1}$	最大允许误差/%	示值误差/%
12	±3.00	+0.37
60	±2.20	-0.39
200	±2.06	+0.33
600	±2.02	-0.07
1200	±2.01	+0.97

结果表明，立体多声道流量计设计理论既满足可制造性，也在 12 ～ 1200 m^3/h 内示值误差小于 ±0.97%，适应性好，准确度高。

5.4　流动调整器流场优化实现与性能验证

本书在第四章提出基于 CFD 的流动调整器评价方法及流场优化策略，下面研究其具体实施效果。

图 5 - 8 所示为与广州某流量计公司合作，分别以空心窗花调整器结构为参考制作、以等径多孔调整器为指导选定的流动调整器，其性能将在如图 5 - 9 所示的 DN20 水流量标准装置测试系统中进行检验。

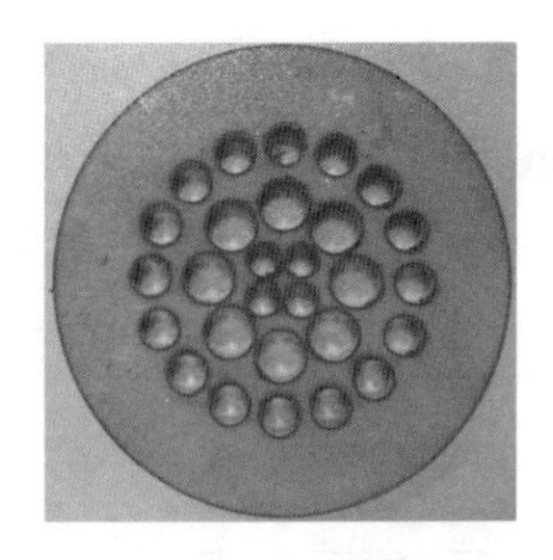

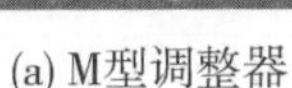

(a) M型调整器　　(b) NEL调整器

图 5 - 8　流动调整器实物图

图 5 - 9 中，标准表为更高精度的流量计，固定安装在表位 1 位置，其测量值用作标准值；普通流量计为实际应用产品，通过安装流动调整器改善其性能；空表为等同于直管的中空表，其位置为普通流量计可替换位置；流动调整器安装在标准表之后、普通流量计之前的管道内部，与普通流量计约有 1 单位 D_{pipe} 的距离。

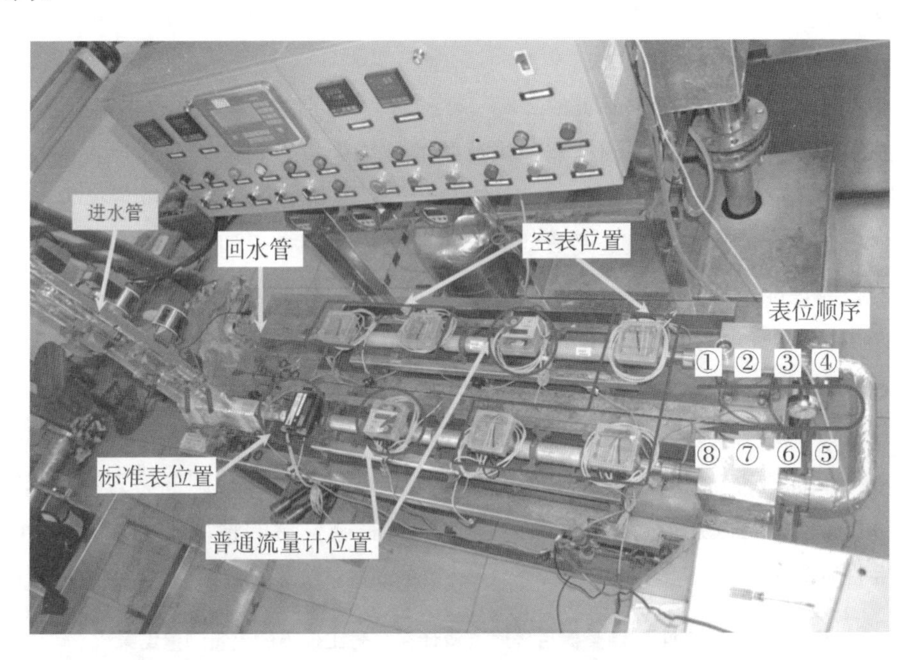

图 5 - 9　DN20 水流量标准装置测试系统

表 5 - 3 所示为安装 M 型调整器后普通流量计在不同工位下的流量测量结果，若分别以 $\bar{\varepsilon}_{M-i}$、$\bar{\varepsilon}_{none-i}$ 表示安装 M 型调整器、未装 M 型调整器条件下，在表位 i 上的普通流量计平均测量误差，结果指出：

表5－3　安装M型流动调整器后普通流量计在不同工位下的流量测量结果

表位	平均标准值 $/m^3 \cdot h^{-1}$	普通流量计测量平均值 $/m^3 \cdot h^{-1}$		平均测量误差	
		装M型调整器	没装调整器	装M型调整器	没装调整器
2	4.61	4.55	4.72	1.32%	2.61%
3	4.55	4.55	4.73	0.00%	3.05%
4	4.66	4.55	4.68	2.42%	1.96%
5	4.55	4.51	4.65	0.96%	2.27%
6	4.66	4.50	4.71	3.56%	3.75%
7	4.53	4.51	4.65	0.59%	2.51%

①在平均标准流量4.61 m^3/h 时，$\bar{\varepsilon}_{M-2} \ll \bar{\varepsilon}_{none-2}$，特别的，有 $\bar{\varepsilon}_{M-2} \approx 0.5\bar{\varepsilon}_{none-2}$；

②在平均标准流量4.55 m^3/h 时，$\bar{\varepsilon}_{M-3} \ll \bar{\varepsilon}_{none-3}$、$\bar{\varepsilon}_{M-5} \ll \bar{\varepsilon}_{none-5}$，特别的，有 $\bar{\varepsilon}_{M-3} \approx 0$、$\bar{\varepsilon}_{M-5} \approx 0.42\bar{\varepsilon}_{none-5}$；

③在平均标准流量4.66 m^3/h 时，$\bar{\varepsilon}_{M-4} > \bar{\varepsilon}_{none-4}$、$\bar{\varepsilon}_{M-6} < \bar{\varepsilon}_{none-6}$，特别的，有 $\bar{\varepsilon}_{M-6} \approx 0.95\bar{\varepsilon}_{none-6}$；

④在平均标准流量4.53 m^3/h 时，$\bar{\varepsilon}_{M-7} \ll \bar{\varepsilon}_{none-7}$，特别的，有 $\bar{\varepsilon}_{M-7} \approx 0.24\bar{\varepsilon}_{none-7}$。

结果表明，以空心窗花调整器结构总结的规律为指导制造新型叶片式调整器（本书中的M型调整器）是可行的，且在4.5 m^3/h 流量时的不同表位下，安装M型调整器后普通流量计的测量误差基本远小于未安装调整器的情况下的误差，表明了调整器性能较好，适用性强。

如表5－4所示为安装NEL调整器后普通流量计在5号工位下的流量测量结果，若分别以 $\bar{\varepsilon}_{N-5}$、$\bar{\varepsilon}_{none-5}$ 表示安装有NEL调整器、无调整器条件下，在表位5上的普通流量计平均测量误差，结果指出在平均标准流量流速为0.06 m^3/h 时，$\bar{\varepsilon}_{N-5} < \bar{\varepsilon}_{none-5}$；表明流量流速为0.06 m^3/h 时，安装以等径多孔调整器为指导选定的NEL调整器后普通流量计测量误差小于没安装调整器的情况下的误差，NEL调整器性能较好。

表5－4　安装NEL调整器后普通流量计在5号工位下的流量测量结果

表位	平均标准值 $/m^3 \cdot h^{-1}$	普通流量计测量平均值 $/m^3 \cdot h^{-1}$		平均测量误差/%	
		装NEL调整器	没装调整器	装NEL调整器	没装调整器
5	0.06	0.059	0.058	－1.79	－3.00

5.5　本章小结

本章研究超声流量计声道设计与调整器流场优化方法相关实验与应用实例，主要内容包括：

(1)探讨立体单声道超声流量计的实现与性能表现，检验立体单声道设计方法。通过计算最少声道段数、各声道段与管道中心距离、平面模型相邻声道段同/异侧夹角等参数，实现立体单声道平面模型设计，得到 12 种单声道平面声道模型；以工艺优先设计立体单声道拓扑结构，并根据该结构制造立体单声道超声流量计，最后对流量计进行性能分析。实验结果表明，立体单声道流量计设计理论既满足可制造性，也在 0.2 ～ 10.0 m^3/h 内示值误差小于 ±0.81%，适应性好，准确度高。

(2)研究立体多声道超声流量计实现与性能表现，检验立体多声道设计方法。根据给定的管径、声道宽、期望覆盖率等相关参数设计立体多声道平面模型、立体多声道拓扑结构；计算多声道的单一声道流速加权系数，差异化地体现各条声道在整个多声道流量测量中的贡献分量；根据立体多声道拓扑结构制造工艺优先立体多声道超声流量计，并进行性能分析。实验结果表明，立体多声道流量计设计理论既满足可制造性，也在 12 ～ 1200 m^3/h 内示值误差小于 ±0.97%，适应性好，准确度高。

(3)开展流动调整器流场优化实现与性能表现验证工作，验证基于 CFD 的流动调整器评价方法及流场优化策略。通过以空心窗花调整器结构为参考制作 M 型调整器，以等径多孔调整器为指导选定 NEL 调整器，对流量计在 DN20 水流量标准装置测试系统中性能进行改善。实验结果表明，以空心窗花调整器结构总结的规律为指导制造新型叶片式调整器是可行的，在 4.5 m^3/h 流量时的不同表位下，安装 M 型调整器后普通流量计测量误差基本有 $\bar{\varepsilon}_{M-i} \ll \bar{\varepsilon}_{none-i}$($\bar{\varepsilon}_{M-i}$、$\bar{\varepsilon}_{none-i}$分别为安装有、未安装 *M* 型调整器条件下普通流量计的测量误差)；以等径多孔调整器结构总结的规律为指导选定的多孔调整器是有效的，在 0.06 m^3/h 流量时，$\bar{\varepsilon}_{N-5} < \bar{\varepsilon}_{none-5}$($\bar{\varepsilon}_{N-5}$、$\bar{\varepsilon}_{none-5}$分别为安装有、未安装 NEL 调整器条件下普通流量计的测量误差)。

结论与展望

时差式超声流量测量技术已成为当前能源输送、过程控制、节能调度等领域的研究热点，开展其声道设计及调整器流场优化等流量测量基础理论与共性关键技术是极具探索性、有意义的工作。本书围绕时差式超声流量计立体单声道设计方法、时差式超声流量计立体多声道设计方法、基于 CFD 的流动调整器评价方法及流场优化策略等理论与方法展开系统研究，本书的特色和主要创新成果包括：

(1)建立时差式超声流量计立体单声道平面模型、立体拓扑结构设计方法理论。提出流量测量平均相对误差 $\bar{\varepsilon}$ 及标准误差 σ 作为单声道性能评价指标，$\bar{\varepsilon}$ 衡量声道在相同管道系统与运行工况下多次测量结果的准确程度，$\bar{\varepsilon}$ 越小，测量准确度越高；σ 反映声道在相同管道系统与运行工况下多次测量结果的稳定程度，σ 越小表示测量结果越稳定。研究时差式超声流量计的单声道平面模型的建模与求解方法，在二维层面解决声道覆盖率问题，推导通用最小声道数目计算公式 $N_{\mathrm{p}} \geqslant \left(\frac{\zeta\pi D_{\mathrm{p}}}{8D_{\mathrm{sig}}}\right)+1$，各声道段与管道中心距离等差、等比分布求解公式，平面模型相邻声道段同侧、异侧分布的夹角计算公式。研究时差式超声流量计的立体单声道拓扑结构设计方法，推导 φ_i 角通用坐标计算公式、z_i 坐标计算公式、相邻声道段空间夹角计算公式。算例推演表明，以技术指标覆盖率优先设计声道，可有效增加声道长度，且覆盖率可为常用代表性声道最大覆盖率的 2.7 倍，有助于提升声道对流场变化的适应力，先进性比较明显；以结构工艺优先设计的声道，在增加声道长度的同时，覆盖率为常用代表性声道最大覆盖率的 2.6 倍。

(2)建立时差式超声流量计立体多声道平面模型、立体拓扑结构设计方法理论。提出声道数目 N_{path}、平均声道反射次数 $\bar{N}_{\mathrm{reflex}}$、声道覆盖率 ζ、流量测量平均相对误差 $\bar{\varepsilon}$、流量测量标准误差 σ 作为多声道性能评价指标，其中 ζ、$\bar{\varepsilon}$、σ 所表意义与单声道的类似；N_{path} 衡量多声道拓扑结构复杂程度与成本，N_{path} 越大表示声道拓扑结构越复杂，流量计成本越高；$\bar{N}_{\mathrm{reflex}}$ 是衡量信号沿多声道传播平均耗散程度的重要指标，$\overline{N}_{reflex}$越大，信号传播平均耗散程度越高。研究时差式超声流量计多声道平面模型的建模与求解方法，在二维层面解决多声道覆盖率问题，推导声道数目、各声道包含声道段数、多声道平面模型组合排列数量计算等公式。研究时差式超声流量计的立体多声道拓扑结构设计方法，采用通用$\varphi_{i,j}$角、$z_{i,j}$坐标计算公式计算各个声道节点坐标，并进一步研究以避免换能器位置冲突为目的的节点坐标调整方法，推导出节点坐标调整计算公式，研究多声道的单一声道流速加权系数确定方法，基于各自拓扑特点差异化地体现各条声道在整个多声道流量测量中的贡献分量。算例推演表明，设计声道在实现与平行式声道覆盖率一致时，仅需其换能器数量的1/3，此外，设计声道仅用交叉多声道换能器数量的67%，可实现超过其5.46倍的覆盖率。

(3)提出基于CFD的流动调整器评价方法及流场优化策略。通过构建通用流动调整器研究模型，并利用CFD技术便捷获取调整器下游流速信息，实现流动调整器性能的快速评价。开展典型流动调整器性能仿真分析与优化，删除Etoile调整器内交汇处叶片、增加近管壁区域叶片以提出空心窗花式调整器，试验表明：$h_{vane}=0.3D_p$时的空心窗花调整器性能相对最佳，且在$Re=5.84\times10^4$、$z_k\leqslant15D_p$内，$\varepsilon_{\Sigma-z_k-h_{vane}=0.3D_p}$远小于$\varepsilon_{\Sigma-z_k-E}$，当$Re=5.84\times10^5$，在$z_k=10D_p$处安装空心窗花式调整器($h_{vane}=0.3D_p$)最佳，此时$\varepsilon_{\Sigma-z_k-h_{vane}=0.3D_p}\approx0.5\varepsilon_{\Sigma-z_k-E}$；提出等径多孔调整器，将孔径、节圆尺寸从10种降到7种，提升调整器可制造性，并通过改变中心4孔径大小改善大Re、近调整器区域流场，发现$d_1=0.14D_p$时的调整器性能相对最佳。采用正交设计方法，对组合式调整器的前端构件长度l_{up}、前后端间隔l_{gap}、叶片空心直径d_{open}进行方案设计，研究表明：正交设计法能快速区分影响调整器性能的主次因素，减少试验次数，当$l_{up}=0.125D_p$、$l_{gap}=D_p$、$d_{open}=0.39D_p$时，组合式调整器性能相对最优，在$z_k=5D_p$处空心窗花、等径多孔调整器的单一截面流速累计误差约为组合式调整器的1.5倍。推导直观连接方式(两两叶片连接一次)下，$N_{weld\ point}$个连接点所需连接总次数的计算公式；通过折曲叶片开槽卡位，提出2种优化构成方式，有效减少叶片间连接次数(分别从原来112次降到64次、10次)。

(4)开展时差式超声流量计声道设计方法与流场优化策略应用研究。以立体单声道设计理论为指导设计的工艺优先立体单声道超声流量计，在0.2～10.0 m^3/h内示值误差小于±0.81%。以立体多声道设计理论为指导设计的工艺优先立体多声道超声流量计样机检测结果表明，立体多声道流量计设计理论既满足可制造性，也在 12 ～ 1200 m^3/h 内示值误差小于 ±0.97%。以空心窗花调整器结构为参考制作 M 型流动调整器，以等径多孔调整器为指导选定 NEL 调整器改善流量计在 DN20 水流量标准装置测试系统中的性能，其中流量为 4.5 m^3/h 时，有 $\bar{\varepsilon}_{M-i} \ll \bar{\varepsilon}_{none-i}$（$\bar{\varepsilon}_{M-i}$、$\bar{\varepsilon}_{none-i}$分别为安装有、未安装 M 型调整器条件下普通流量计测量误差），流量为 0.06 m^3/h 时，$\bar{\varepsilon}_{N-5} < \bar{\varepsilon}_{none-5}$（$\bar{\varepsilon}_{N-5}$、$\bar{\varepsilon}_{none-5}$分别为安装有、未安装 NEL 调整器条件下普通流量计的测量误差）。

由于时间关系，本书还有许多内容有待进一步研究、完善，如：

①时差式超声流量计立体单声道、多声道设计理论都是针对传播速度差式的流量计展开研究的，若建立多普勒式、波束偏移式、噪声式超声流量计声道设计理论，将更能形成完整体系；

②组合式调整器方案设计主要针对典型的叶片 + 孔板组合结构，若能继续探索更多调整器组合方案（如叶片 + 叶片、孔板 + 孔板），将有助于完善组合式调整器方案设计理论。

主要符号表

符　号	意　　义
D_p	管道内径
D_{sig}	声道宽度
l_p	声道长度
k_{cf}	流速修正系数
l_{AB}	换能器在管道方向间距
D_{TR}	安装换能器需要空间的直径
α_{TR}	安装换能器需要空间对应的角度
μ_{fluid}	流体动力黏度系数
ρ_{fluid}	流体密度
Re	雷诺数
f	范宁摩擦系数
k_δ	管道当量粗糙系数
h_{lf}	层流底层厚度
l_U、l_Z、l_V、l_N、l_W、$l_\triangle$	U、Z、V、N、W、正三角形声道长度
ζ_U、ζ_Z、ζ_V、ζ_N、ζ_W、$\zeta_\triangle$	U、Z、V、N、W、正三角形声道覆盖率
ω_i	声道 i 权重系数
Q_{multi}	多声道测量的流量
$\bar{\varepsilon}$	流量测量平均相对误差
σ	流量测量标准误差
ζ	声道覆盖率
N_{path}	声道数目
$\overline{N}_{reflex}$	平均声道反射次数
N_{TR}	换能器数目
N_{p-i}	声道 i 包含声道段数
d_i	各声道段中心线与管道截面中心距离

续表

符号	意义
S_o、S_c、S_u	重叠覆盖、完全覆盖、不完全覆盖方式下声道在管道横截面处投影的净面积
ζ_o、ζ_c、ζ_u	重叠覆盖、完全覆盖、不完全覆盖方式下声道覆盖率
N_p、$(N_p)_{min}$	声道段数、最小声道段数
β_{k-T}、β_{k-Y}	平面模型相邻声道段同侧、异侧分布下夹角
φ_i、z_i	节点 P_i 在柱坐标系中的相角、z 坐标
κ	方向判别系数
η	范围判别系数
γ_i	节点 P_i 相邻声道段空间夹角
l_{3D-FGL}	技术指标覆盖率优先立体单声道的声道长度
l_{3D-GY}	结构工艺优先立体单声道的声道长度
Σ_{multi}	多声道平面模型组合排列数量
N_z、N_r、N_φ	采样点所在管道横截面数、单个横截面内节圆数、单个节圆内等角度布置的采样点数
x_i、y_j、z_k	采样点在笛卡尔坐标系中的 x、y、z 坐标
ε_Σ	总体流速累计误差
$\varepsilon_{\Sigma-z_k}$	单一截面流速累计误差
$\bar{\varepsilon}_{\Sigma-z_k,r_i}$	单一截面不同节圆流速平均累计误差
$\varepsilon_{\Sigma-none}$	不带流动调整器的总体流速累计误差
$\varepsilon_{\Sigma-z_k-none}$	不带流动调整器的单一截面流速累计误差
$\bar{\varepsilon}_{\Sigma-z_k,r_i-none}$	不带流动调整器的单一截面不同节圆流速平均累计误差
$\varepsilon_{\Sigma-E}$	Etoile 调整器总体流速累计误差
$\varepsilon_{\Sigma-z_k-E}$	Etoile 调整器单一截面流速累计误差
$\bar{\varepsilon}_{\Sigma-z_k,r_i-E}$	Etoile 调整器单一截面不同节圆流速平均累计误差
$\varepsilon_{\Sigma-Z}$	Zanker 调整器总体流速累计误差
$\varepsilon_{\Sigma-z_k-Z}$	*Zanker* 调整器单一截面流速累计误差
$\bar{\varepsilon}_{\Sigma-z_k,r_i-Z}$	Zanker 调整器单一截面不同节圆流速平均累计误差
l_{up}	组合式调整器前端构件长度
l_{gap}	组合式调整器前后端构件间隔
d_{open}	组合式调整器中前端构件叶片空心直径

续表

符号	意义
h_{vane}	空心窗花调整器新增叶片至管道中心距离
$N_{weld\ point}$	空心窗花调整器叶片连接点数
$N_{weld-\Sigma}$	空心窗花调整器叶片连接次数
$\bar{\varepsilon}_{M-i}$	安装 M 型调整器后普通流量计在表位 i 上的平均测量误差
$\bar{\varepsilon}_{none-i}$	没装调整器时普通流量计在表位 i 上的平均测量误差
$\bar{\varepsilon}_{N-5}$	安装 NEL 调整器后普通流量计在表位 5 的平均测量误差
$\bar{\varepsilon}_{none-5}$	没装调整器时普通流量计在表位 5 的平均测量误差

参考文献

[1] 中华人民共和国国家发展和改革委员会．节能中长期专项规划[J/OL]，2004[2018 - 06 - 22]. https：//www. ndrc. gov. cn/fggz/fzzlgh/gjjzxgh/200709/P020191104622965959182. pdf

[2] 中华人民共和国国务院．中华人民共和国国民经济和社会发展第十三个五年规划纲要[J/OL]，2016 [2018 - 06 - 22] . https：//www. gov. cn/xinwen/2016 - 03/17/content _ 5054992. htm? url_ type = 39&object_ type = webpage&pos = 1.

[3] LYNNWORTH L C. LIU Y. Ultrasonic flowmeters：Half-century progress report. 1955—2005[J]. Ultrasonics. 2006. 44：e1371 – e1378.

[4] SCHENA E. MASSARONI C. SACCOMANDI P. et al. Flow measurement in mechanical ventilation：A review[J]. Medical Engineering & Physics. 2015. 37(3)：257 – 264.

[5] KIM T. KIM J. JIANG X. Transit time difference flowmeter for intravenous flow rate measurement using 1 – 3 piezoelectric composite transducers [J]. IEEE Sensors Journal. 2017. 17 (17)：5741 – 5748.

[6] LIU E. TAN H. PENG S. A CFD simulation for the ultrasonic flow meter with a header[J]. Tehnički vjesnik. 2017. 24(6)：1797 – 1801.

[7] CHEN Q. LI W. WU J. Realization of a multipath ultrasonic gas flowmeter based on transit-time technique [J]. Ultrasonics. 2014. 54(1)：285 – 290.

[8] GORDEEV S. GRÖSCHEL F. HEINZEL V. et al. Numerical study of the flow conditioner for the IFMIF liquid lithium target [J]. Fusion Engineering and Design. 2014. 89(7)：1751 – 1757.

[9] 孙淮清．从历届 FLOMEKO 国际流量测量学术会议看流量测量技术的发展前景[J]．工业计量，2010，5：51 – 54.

[10] RAJITA G. MANDAL N. Review on transit time ultrasonic flowmeter[C]// 2nd International Conference on Control. Instrumentation. Energy & Communication (CIEC). New York：IEEE. 2016：88 – 92.

[11] TSUKADA K. IHARA T. KIKURA H. A study of air-coupled ultrasonic flowmeter[C]// 20th International Conference on Nuclear Engineering and the ASME 2012 Power Conference (ICONE20-POWER2012). New York：ASME. 2012：239 – 244.

[12] HUANG T. JIANG Z Q. Research on ultrasonic flowmeter based on correlation algorithm [J]. Journal of Academy of Armored Force Engineering. 2010. 6：18.

[13] NISHIGUCHI H. SAWAYAMA T. NAGAMUNE K. Evaluation of the propagation time difference in low-pressure city gas flow using a clamp-on ultrasonic flowmeter[J]. Japanese Journal of Applied Physics. 2017. 56(7S1)：07JC01.

[14] Flow Research, Inc. A proposal for a market research study on the worldwide ultrasonic flowmeter market [J/OL],2007[2018 – 06 – 22]. http://floweverything. com/Study/Volume_X_Proposal. pdf

[15] 蔡武昌. 从 FLOMEKO 2010 看流量测量技术和仪表的发展[J]. 石油化工自动化，2011，5：1 -4.

[16] LICUN Q. RULIN W. Performance improvement of ultrasonic Doppler flowmeter using spread spectrum technique[C]//2006 IEEE International Conference on Information Acquisition. New York：IEEE. 2006：122 -126.

[17] BABIC M. ZAJC D. Cell for ultrasonic measurement of rate of fluid flow-has two transducers which generate and sense beam offset from each other on wall which has inclined planesformed on it [P]. South Africa：ZA9508234 - A. 1996. 6. 26.

[18] 段允. 高精度低功耗超声流量计关键技术的研发[D]. 宁波：宁波大学，2011.

[19] 危鄂元. 基于时差法的单声道气体超声波流量计的研究[D]. 杭州：浙江大学，2014.

[20] TAKEDA Y. On the traceability of accuracy of ultrasonic flowmeter[C]//14th International Conference on Nuclear Engineering. New York：ASME. 2006：825 -827.

[21] 王飞. 数字式时差法超声流量计的设计与实现[D]. 上海：中国科学院研究生院(上海应用物理研究所)，2014.

[22] ZHOU H. JI T. WANG R. et al. Multipath ultrasonic gas flow-meter based on multiple reference waves[J]. Ultrasonics. 2018. 82：145 -152.

[23] FANG Z. HU L. MAO K. et al. Similarity judgment-based double-threshold method for time-of-flight determination in an ultrasonic gas flowmeter[J]. IEEE Transactions on Instrumentation and Measurement. 2018. 67(1)：24 -32.

[24] 刘桂雄，唐木森，陈国宇. 一种时差式超声波流量计时差测量方法[P]. 中国：CN104121956A，2014. 10. 29.

[25] 刘桂雄，朱斌庚，陈佳异. 一种具有双向识别功能的高精度时差捕捉与测量装置[P]. 中国：CN102645554A，2012. 08. 22.

[26] KIRILLOV K M. NAZAROV A D. Mamonov V N. et al. An ultrasonic flowmeter for viscous liquids[J]. Measurement Techniques. 2014. 57(5)：533.

[27] HU L. QIN L. MAO K. et al. Optimization of neural network by genetic algorithm for flowrate determination in multipath ultrasonic gas flowmeter[J]. IEEE Sensors Journal. 2016. 16(5)：1158 -1167.

[28] GRZELAK S. CZOKÓ W J. KOWALSKI M. et al. Ultrasonic flow measurement with high resolution[J]. Metrology and Measurement Systems. 2014. 21(2)：305 -316.

[29] ZHANG X T. MAO Q M. NIE Z G. et al. A study of composite flow meter based on the theory of electromagnetic and ultrasonic[C]//Applied Mechanics and Materials. Switzerland：Trans Tech Publications. 2014. 568：309 -314.

[30] AANES M. KIPPERSUND R A. LOHNE K D. et al. Time-of-flight dependency on transducer separation distance in a reflective-path guided-wave ultrasonic flow meter at zero flow conditions

[J]. The Journal of the Acoustical Society of America. 2017. 142(2): 825 – 837.

[31] Drenthen J G, Kurth M, van Klooster J, et al. Reducing installation effects on ultrasonic flow meters[C]// 27th International North Sea Flow Measurement Workshop, London, Energy Institute, 2009: 187 – 204.

[32] Drenthen J, Kurth M, Vermeulen M. Verification of ultrasonic gas flow meters[J/OL]. 2009 [2018 – 06 – 22]. https: //dokumen. tips/documents/verification – of – ultrasonic – gas – flow – meters – jan – g – drenthen – martin –. html? page = 1

[33] 郑丹丹，张朋勇，张涛，等．单声道超声流量计不同声道布置形式的流场适应性[J]. 天津大学学报(自然科学与工程技术版)，2014，8：703 – 710.

[34] ZHOU S. LI X J. XUE S Q. Research of new ultrasonic domestic gas meter[C]//Advanced Materials Research. Switzerland: Trans Tech Publications. 2013. 760: 1136 – 1138.

[35] 黄侨蔚．带流动调整器 U 形声道超声波流量计流场特性仿真及优化[D]. 广州：华南理工大学，2013.

[36] XING L. GENG Y. HUA C. et al. A combination method for metering gas – liquid two-phase flows of low liquid loading applying ultrasonic and Coriolis flowmeters[J]. Flow Measurement and Instrumentation. 2014. 37: 135 – 143.

[37] XU Y. YU P. ZHU Z. et al. Over-reading modeling of the ultrasonic flow meter in wet gas measurement[J]. Measurement. 2017. 98: 17 – 24.

[38] BORODIČAS P. RAGAUSKAS A. PETKUS V. et al. Innovative method of flow profile formation for ultrasonic flowmeters[J]. Elektronika ir Elektrotechnika. 2015. 106(10): 91 – 94.

[39] KÖCHNER H. MELLING A. BAUMGÄRTNER M. Optical flow field investigations for design improvements of an ultrasonic gas meter[J]. Flow Measurement and Instrumentation. 1996. 7 (3): 133 – 140.

[40] BAILLEU A. Ultrasonic transducer positioning system for clamp-on flowmeter applications[C]// Sensors Applications Symposium (SAS). New York: IEEE. 2016: 1 – 6.

[41] RAINE A B. ASLAM N. UNDERWOOD C P. et al. Development of an ultrasonic airflow measurement device for ducted air[J]. Sensors. 2015. 15(5): 10705 – 10722.

[42] ZHENG D. ZHAO D. MEI J. Improved numerical integration method for flowrate of ultrasonic flowmeter based on Gauss quadrature for non-ideal flow fields[J]. Flow measurement and Instrumentation. 2015. 41: 28 – 35.

[43] SUN L J. LIU M L. HOU Y. Research of ultrasonic flow detection method based on hydrodynamics analysis [C]// 2nd International Conference on Materials and Products Manufacturing Technology (ICMPMT 2012). Switzerland: Trans Tech Publications. 2013. 605: 923 – 928.

[44] 严锦洲，蒋念平．新型超声波流量计[J]. 仪表技术与传感器，2014，(4)：28 – 30.

[45] MAHADEVA D V. BAKER R C. WOODHOUSE J. Further studies of the accuracy of clamp-on transit-time ultrasonic flowmeters for liquids[J]. IEEE Transactions on Instrumentation and Measurement. 2009. 58(5): 1602 – 1609.

[46] Jan G. Drenthen, Marcel Vermeulen, Martin Kurth, Hilko den Hollander. The Detection of Corrosion and Fouling and the Operational Influence on Ultrasonic Flow Meters using Reflecting Paths. [J/OL], 2011[2023 – 06 – 22]. https://nfogm.no/wp – content/uploads/2019/02/2011 – 21 – Detection – of – Corrosion – Fouling – Operational – Influence – on – Ultrasonic – Flow – Meters – using – Reflecting – Paths – Drenthen – Krohne. pdf

[47] 王文涛. 多声道气体超声流量计流场适应性[D]. 大庆：东北石油大学，2011.

[48] MANDARD E. KOUAME D. BATTAULT R. et al. Methodology for developing a high-precision ultrasound flow meter and fluid velocity profile reconstruction[J]. IEEE transactions on ultrasonics. ferroelectrics. and frequency control. 2008. 55(1).

[49] 胡鹤鸣. 孟涛. 王池. 等. 多声路超声流量计积分模型的校准方法研究[J]. 计量技术，2010 (6): 3 – 6.

[50] Leontidis V, Cuvier C, Caignaert G, et al. Experimental validation of an ultrasonic flowmeter for unsteady flows application[J]. Measurement Science and Technology, 2018, 29(4).

[51] Tresch T, Gruber P, Staubli T. Comparison of integration methods for multipath acoustic discharge measurements[C]// Proceedings of the 6th International Conference on IGHEM. Portland, INTECH, 2006: 1 – 16.

[52] TANG X. YANG Q. SUN Y. Gas flow-rate measurement using a transit-time multi-path ultrasonic flow meter based on PSO – SVM[C]// IEEE International Instrumentation and Measurement Technology Conference (I2MTC). New York: IEEE. 2017: 1794 – 1799.

[53] International Electrotechnical Commission. Field acceptance tests to determine the hudraulic performance of hydraulic turbines. storage pumps and pump-turbines [M]. International Electrotechnical Commission. 1991.

[54] 张皎丹. 郑丹丹. 张涛，等. 多声道超声流量计数值积分方法优化[J]. 化工自动化及仪表. 2015 (2): 144 – 147.

[55] 李跃忠，李昌禧. 多声道超声气体流量计的建模与仿真[J]. 华中科技大学学报(自然科学版)，2006，(4): 39 – 41，55.

[56] 何存富，刘飞，张力新，等. 多声道超声流量计在弯管段安装的适应性研究[J]. 仪器仪表学报，2011，(1): 6 – 12.

[57] 张亮，孟涛，王池，等. 斜插式超声流量计探头插入深度影响实验研究[J]. 仪器仪表学报，2012，(10): 2307 – 2314.

[58] AMRI K. JULIASTUTI E. KURNIADI D. Asymmetric flow velocity profile measurement using multipath ultrasonic meter with neural network technique[C]// 2017 5th International

Conference on Instrumentation. Control and Automation (ICA). New York: IEEE. 2017: 146 - 151.

[59] 周围，王明吉．多声道超声流量计在双弯管流场中的适应性研究[J]．计量技术，2008，(8)：6-8.

[60] VAN KLOOSTER J M. HOGENDOORN C J. Ultrasonic flowmeter [P]. U.S: 7810399. 2010.10.12.

[61] GONZALEZ-TREJO J. REAL-RAMIREZ C A. MIRANDA-TELLO R. et al. Numerical and physical parametric analysis of a SEN with flow conditioners in slab continuous casting mold [J]. Archives of Metallurgy and Materials. 2017.62(2): 927-946.

[62] MANSHOOR B. NICOLLEAU F. BECK S B M. The fractal flow conditioner for orifice plate flow meters[J]. Flow Measurement and Instrumentation. 2011.22(3): 208-214.

[63] OUAZZANE K. BENHADJ R. An experimental investigation and design of flow-conditioning devices for orifice metering[J]. Proceedings of the Institution of Mechanical Engineers. Part C: Journal of Mechanical Engineering Science. 2007.221(3): 281-291.

[64] 中国国家标准化管理委员会．GB/T 2624.1—2006 用安装在圆形截面管道中的差压装置测量满管流体流量 第1部分：一般原理和要求[S]．北京：中国标准出版社，2006.

[65] KINGHORN F C. MCHUGH A. DYET W D. The use of Etoile flow straighteners with orifice plates in swirling flow[J]. Flow Meas Instrum. 1991.2(3): 162-168.

[66] XIONG W. KALKÜHLER K. MERZKIRCH W. Velocity and turbulence measurements downstream of flow conditioners [J]. Flow measurement and instrumentation. 2003.14(6): 249-260.

[67] 张涛．蛛网式流动调整器[P]．中国：CN201517935U，2010.06.30.

[68] 吴治永，王志峰．一种用于流体传输管道的流动调整器[P]．中国：CN102435253A，2012.05.02.

[69] UHM J H. ROMIG B W. CHONG Y H. Fuel/air mixing system for fuel nozzle[P]: U.S.: 776638. 2013.02.25.

[70] LAWS E M. Flow conditioning—a new development [J]. Flow Measurement and Instrumentation. 1990.1(3): 165-170.

[71] LARIBI B. ABDELLAH HADJ A. Analysis of turbulent flow development downstream disturbers with perforated plate flow conditioner [J]. Applied Mechanics and Materials. 2012.197: 73-77.

[72] ERDAL A. A numerical investigation of different parameters that affect the performance of a flow conditioner[J]. Flow Measurement and Instrumentation. 1998.8(2): 93-102.

[73] OUAZZANE A K. BENHADJ R. Flow conditioners design and their effects in reducing flow metering errors[J]. Sensor review. 2002.22(3): 223-231.

[74] 潘顺国．蜂窝式流体调整器[P]．中国：CN203363522U，2013.12.25.

[75] 谭文胜．一种超声波流量计前置流动调整器[P]．中国：CN102735297A，2012.10.17.

[76] MANSHOOR B. ROSIDEE N F. KHALID A. An effect of fractal flow conditioner thickness on turbulent swirling flow[J]. Applied Mechanics and Materials. 2013. 315: 93 – 97.

[77] LAWS E M. OUAZZANE A K. A further investigation into flow conditioner design yielding compact installations for orifice plate flow metering [J]. Flow Measurement and Instrumentation. 1995. 6(3): 187 – 199.

[78] SMITH R. Meter flow conditioner[P]. U. S.: 424281. 2012. 07. 26.

[79] YEH T T. MATTINGLY G E. Pipeflow downstream of a reducer and its effects on flowmeters [J]. Flow Measurement and Instrumentation. 1994. 5(3): 181 – 187.

[80] EN ISO (2003): 5167 – 1. Measurement of fluid flow by means of pressure differential devices inserted in circular cross section conduits running full—part 1: General principles and requirements[S]. Geneva: ISO. 2003.

[81] TURKOWSKI M. SZUFLEŃSKI P. New criteria for the experimental validation of CFD simulations[J]. Flow Measurement and Instrumentation. 2013. 34: 1 – 10.

[82] MÜLLER. U. Guidelines for the fluid mechanical validation of calibration test- benches in the framework of EN 1434.

[83] FRATTOLILLO A. MASSAROTTI N. Flow conditioners efficiency a comparison based on numerical approach[J]. Flow Measurement and Instrumentation. 2002. 13(1): 1 – 11.

[84] 刘桂雄，黄侨蔚．基于 CFD 技术的流动调整器整流效果评判方法[P]．中国：CN102750426A. 2012. 10. 24.

[85] 朱斌庚．均匀不完全覆盖下时差式超声流量计立体声道设计方法研究[D]．广州：华南理工大学，2014.

[86] VAN DOORNE C W H. WESTERWEEL J. Measurement of laminar. transitional and turbulent pipe flow using stereoscopic-PIV[J]. Experiments in Fluids. 2007. 42(2): 259 – 279.

[87] 工业自动化仪表手册编委．工业自动化仪表手册[M]．北京：机械工业出版社，1988.

[88] 刘永辉．圆管过渡区流速特性的研究[D]．济南：山东大学，2011.

[89] LIU Y, DU G, LIU Z, et al. The profile – linear average velocity for the transition in pipes based on the method of LES[J]. Journal of Hydrodynamics, 2010, 22(5): 366 – 370.

[90] LIU Y H, DU G S, TAO L L, et al. The calculation of the profile – linear average velocity in the transition region for ultrasonic heat meter based on the method of LES[C]//9th International Conference on Hydrodynamics, 北京，中国海洋出版社，2010: 11 – 25.

[91] BS EN. 14154 – 3: Water meters – Part3: Test methods and equipment[S]. UK: BSI. 2005. 2.

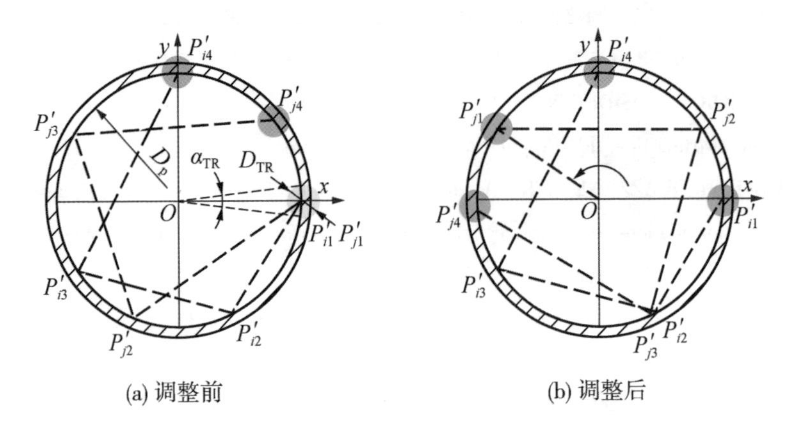

(a) 调整前　　　　(b) 调整后

图 3－5　避免换能器位置冲突声道节点坐标调整示意图（黄色：冲突；绿色：不冲突）

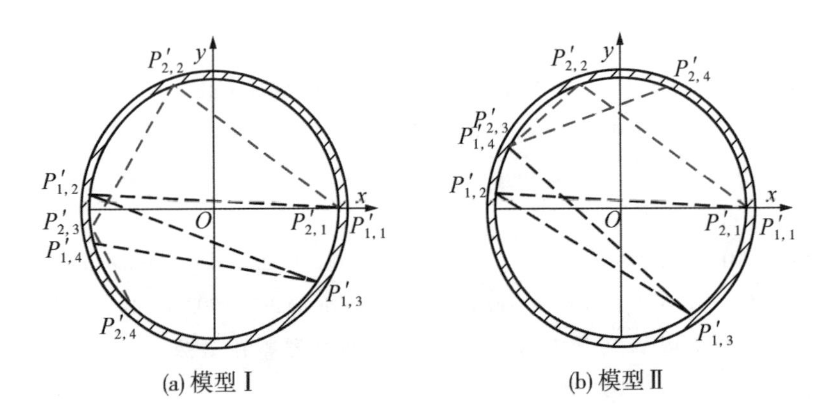

(a) 模型Ⅰ　　　　(b) 模型Ⅱ

图 3－7　多声道平面模型示例

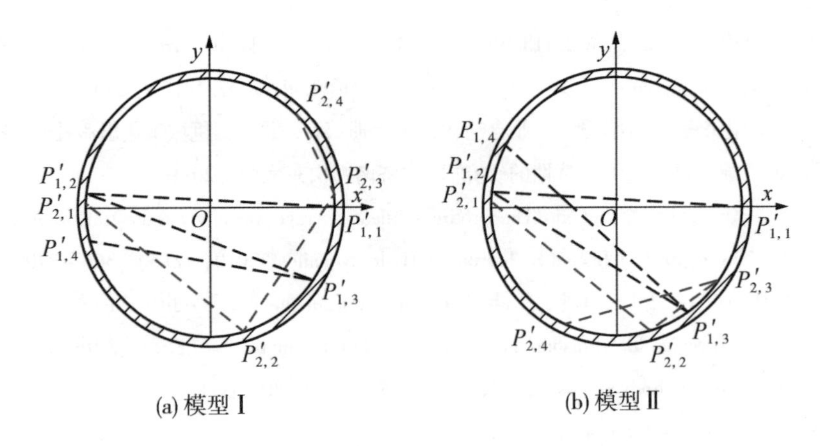

(a) 模型Ⅰ　　　　(b) 模型Ⅱ

图 3－8　调整后的多声道平面模型示例

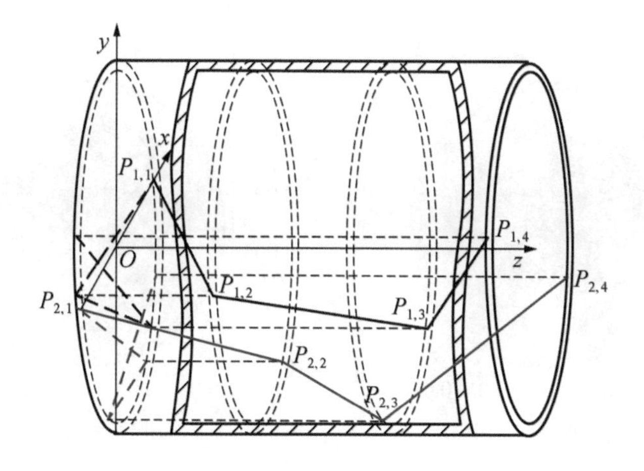

图 3－9　立体多声道拓扑结构示例

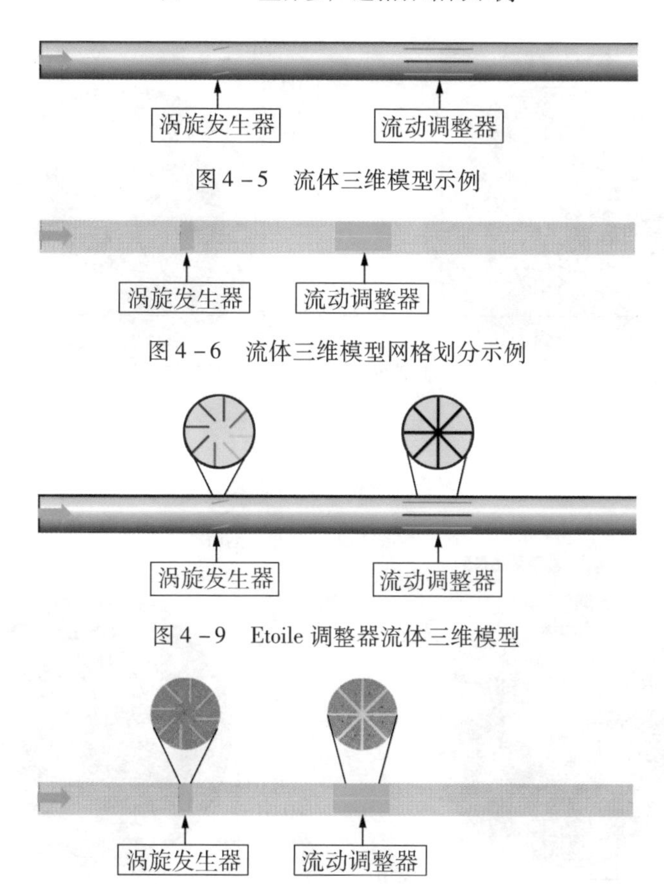

图 4－5　流体三维模型示例

图 4－6　流体三维模型网格划分示例

图 4－9　Etoile 调整器流体三维模型

图 4－10　带 Etoile 调整器的网格模型

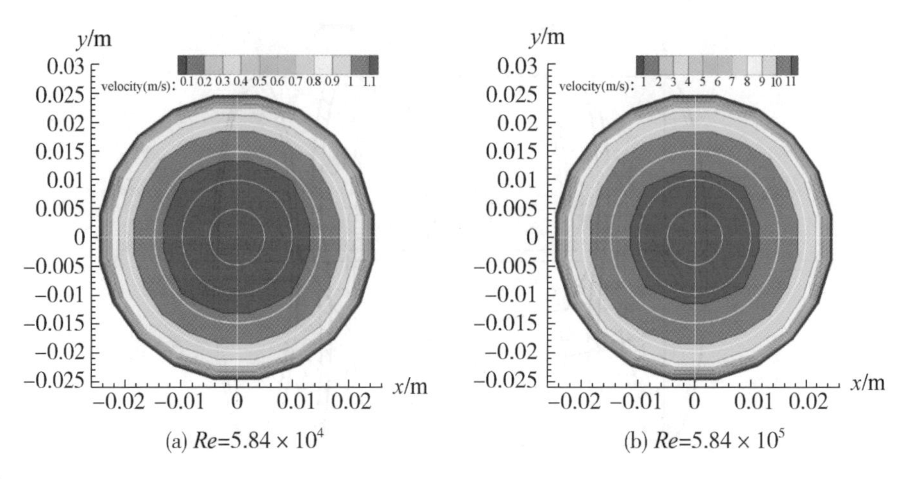

(a) $Re=5.84\times10^4$　　(b) $Re=5.84\times10^5$

图 4－14　不同 Re 值下充分发展流速的横截面分布图

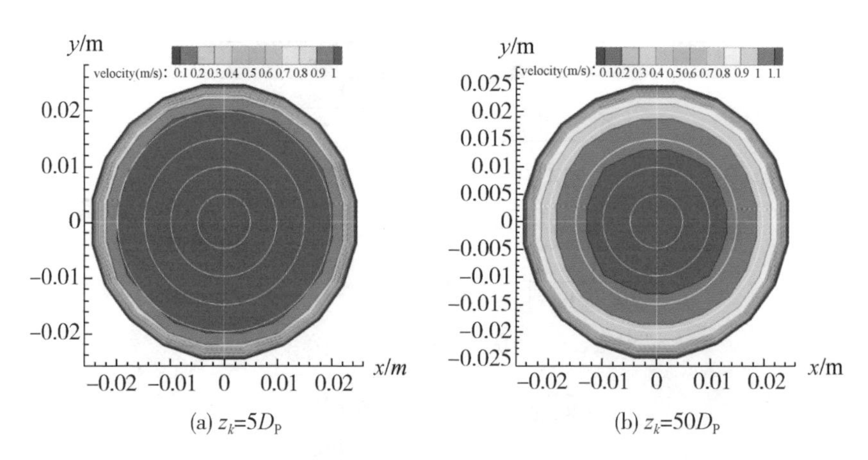

(a) $z_k=5D_\mathrm{P}$　　(b) $z_k=50D_\mathrm{P}$

图 4－15　不同 z_k 值处 Etoile 调整器下游横截面流速分布信秘图（$Re=5.84\times10^4$）

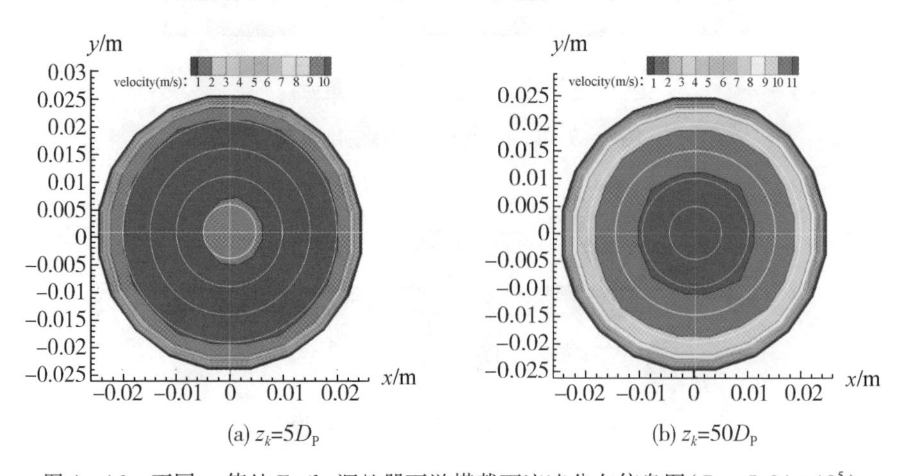

(a) $z_k=5D_\mathrm{P}$　　(b) $z_k=50D_\mathrm{P}$

图 4－16　不同 z_k 值处 Etoile 调整器下游横截面流速分布信息图（$Re=5.84\times10^5$）

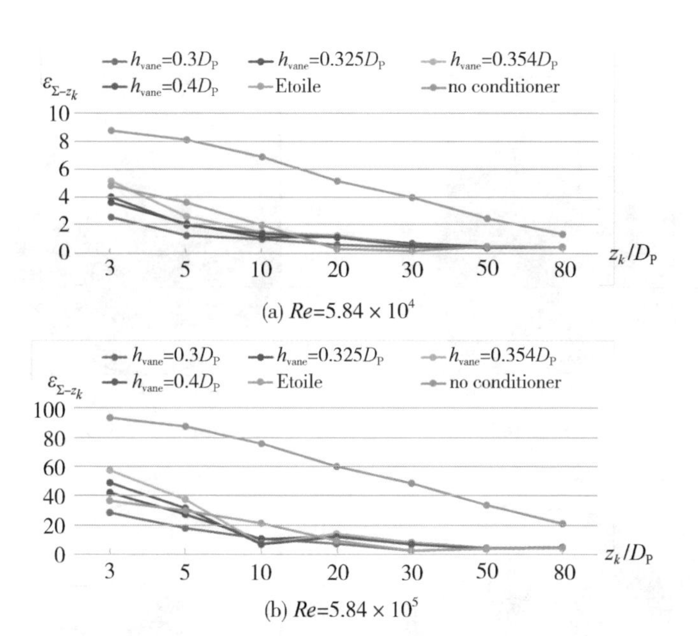

图 4－18　不同情况下单一截面流速累计误差 $\varepsilon_{\Sigma-z_k}$ 随 z_k 变化的关系图

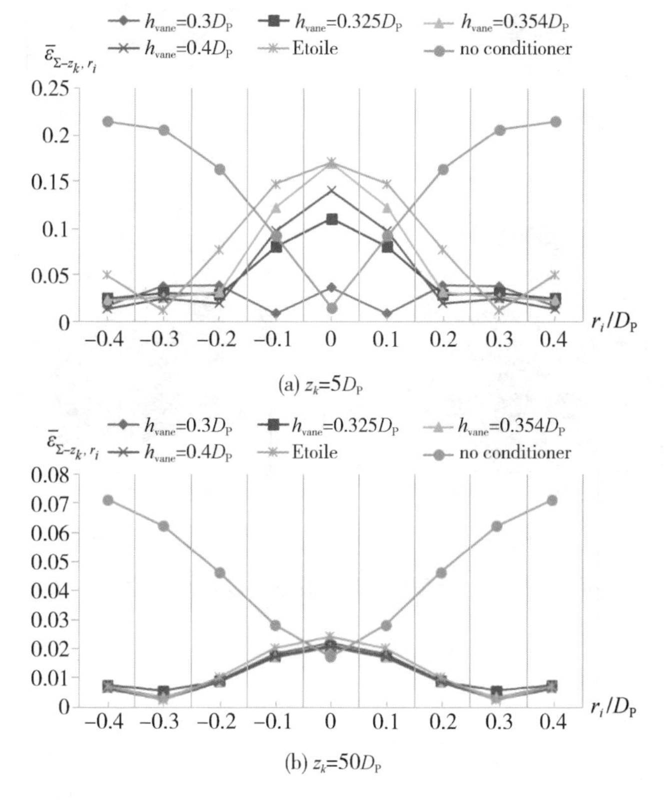

图 4－19　不同 z_k 值处单一截面不同节圆流速平均累计误差分布分息图（Re = 5.84 × 10^4）

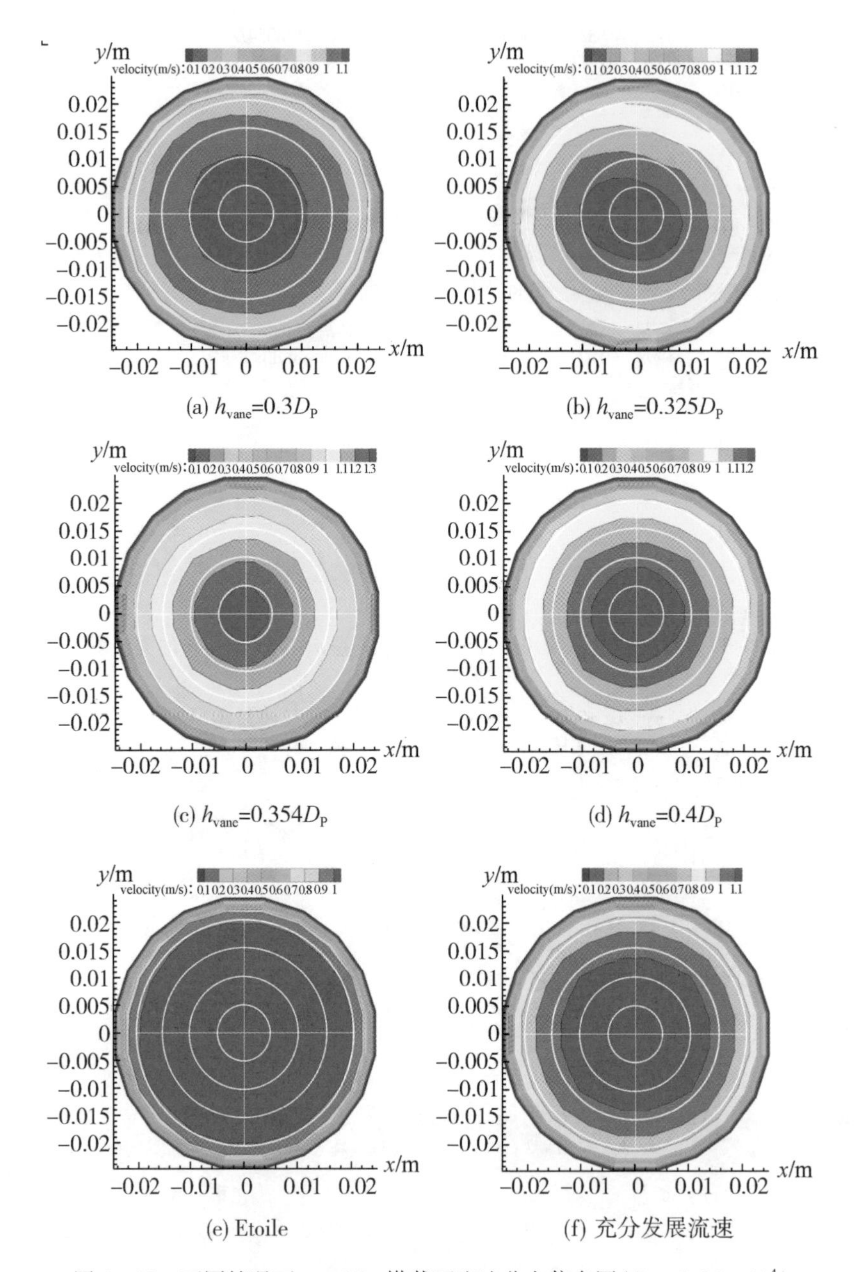

(a) h_{vane}=0.3D_P

(b) h_{vane}=0.325D_P

(c) h_{vane}=0.354D_P

(d) h_{vane}=0.4D_P

(e) Etoile

(f) 充分发展流速

图 4-20　不同情况下 $z_k=5D_p$ 横截面流速分布信息图($Re=5.84\times10^4$)

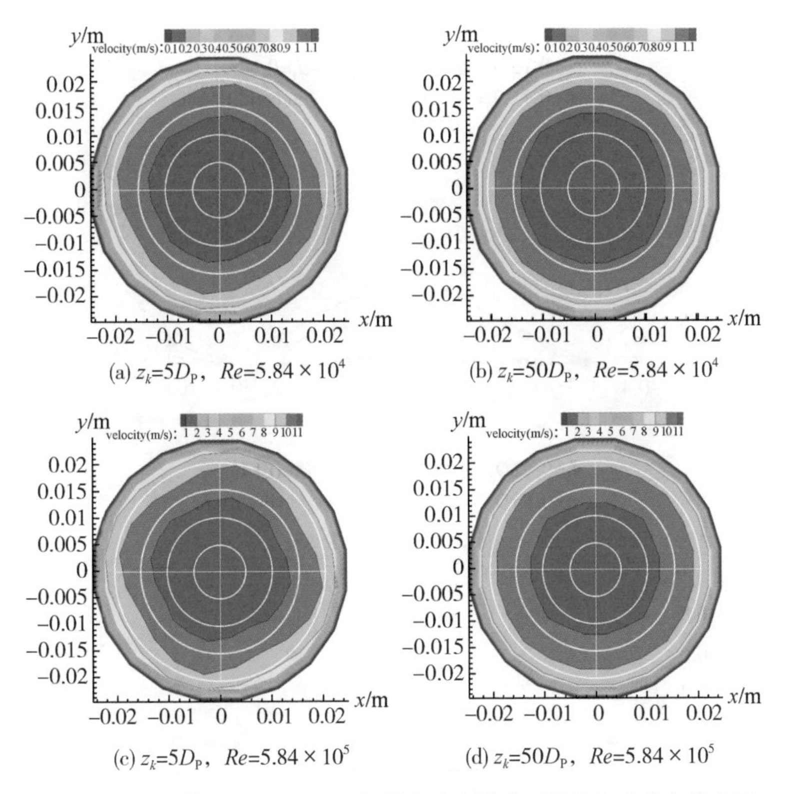

(a) $z_k=5D_p$，$Re=5.84\times10^4$

(b) $z_k=50D_p$，$Re=5.84\times10^4$

(c) $z_k=5D_p$，$Re=5.84\times10^5$

(d) $z_k=50D_p$，$Re=5.84\times10^5$

图 4－25　不同情况下 Zanker 调整器流速在横截面处的流速分布信息图

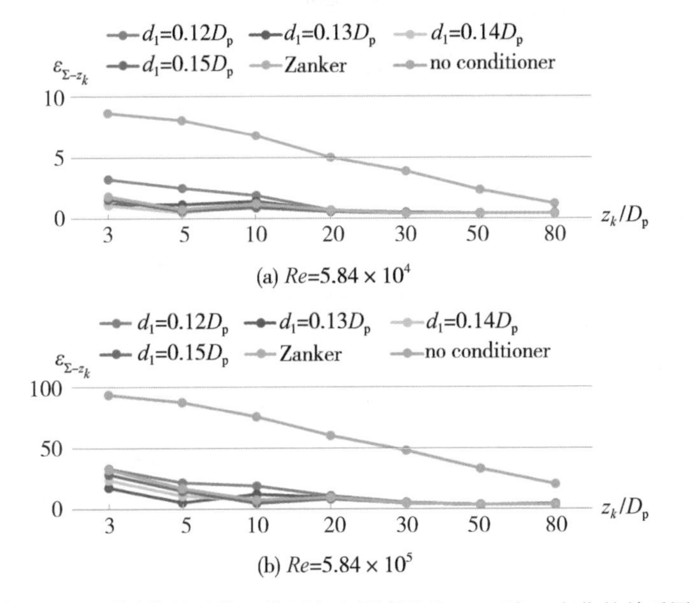

(a) $Re=5.84\times10^4$

(b) $Re=5.84\times10^5$

图 4－27　不同情况下单一截面流速累计误差 $\varepsilon_{\Sigma-z_k}$ 随 z_k 变化的关系图

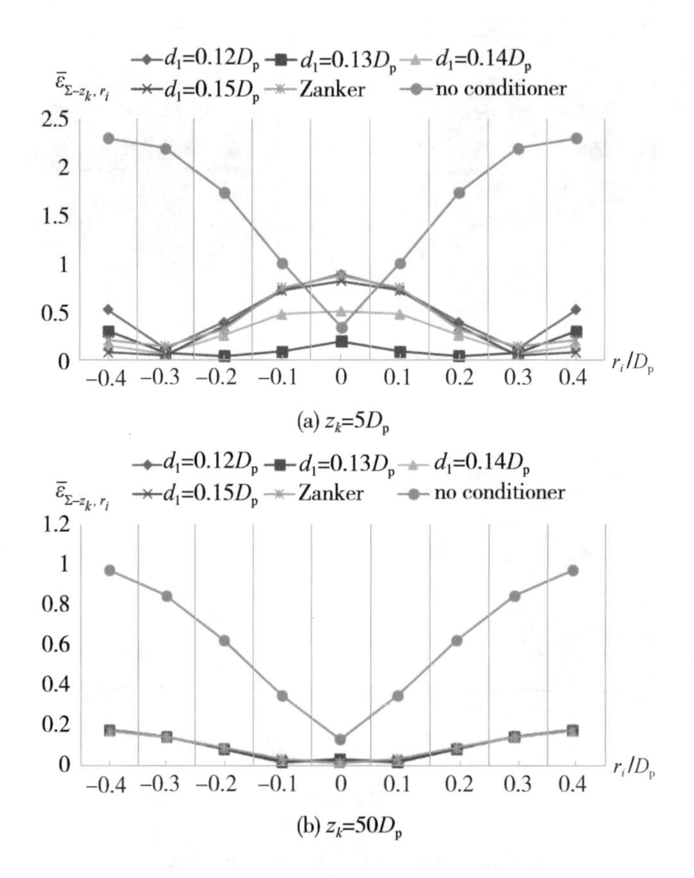

图 4-28 不同 z_k 值处单一截面不同节圆流速平均累计误差分布信息图（$Re=5.84\times10^5$）

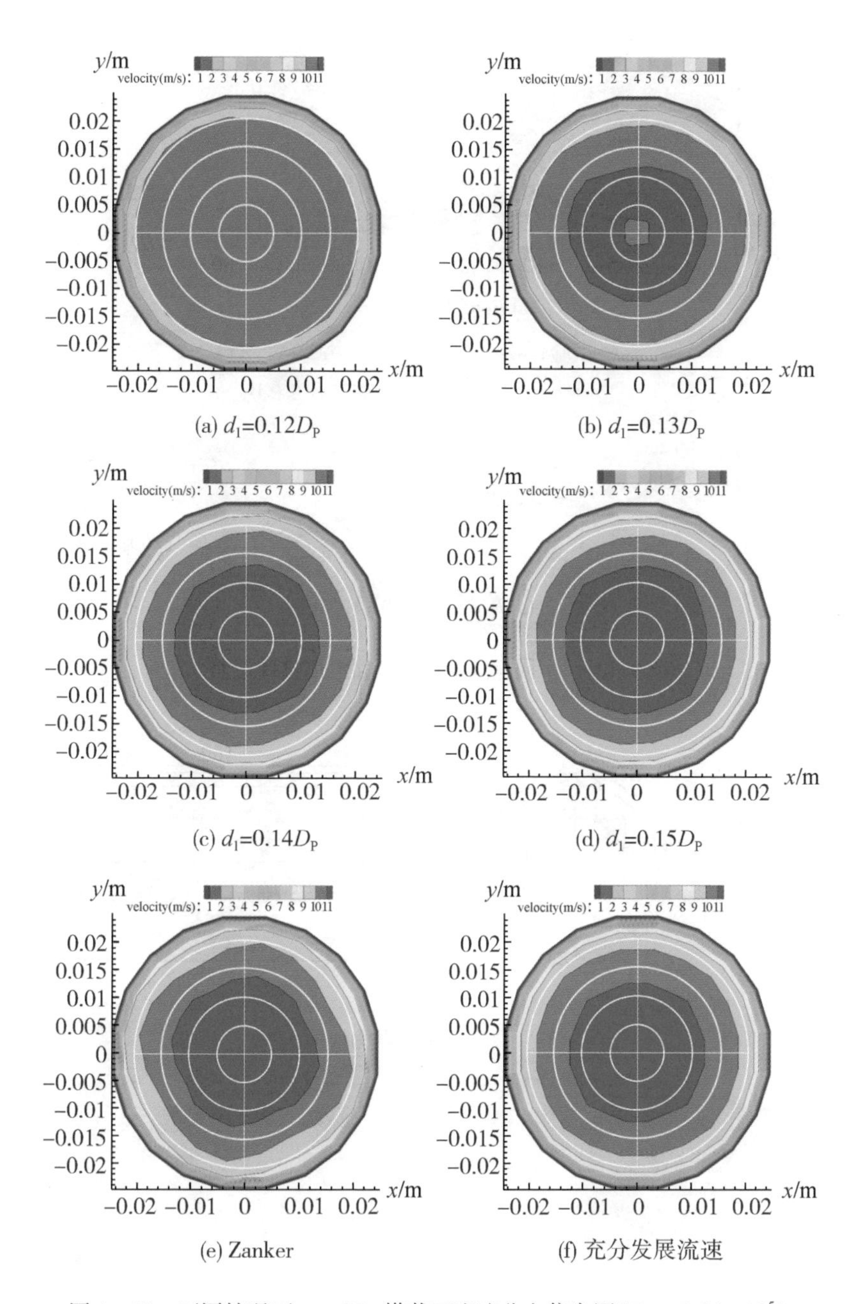

图 4－29　不同情况下 $z_k=5D_p$ 横截面流速分布信息图（$Re=5.84\times10^5$）

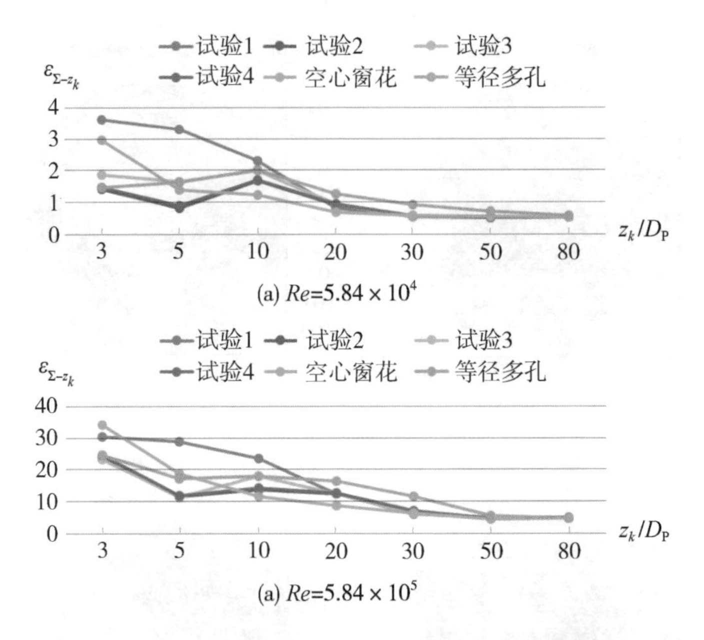

图 4－31　不同调整器单一截面流速累计误差

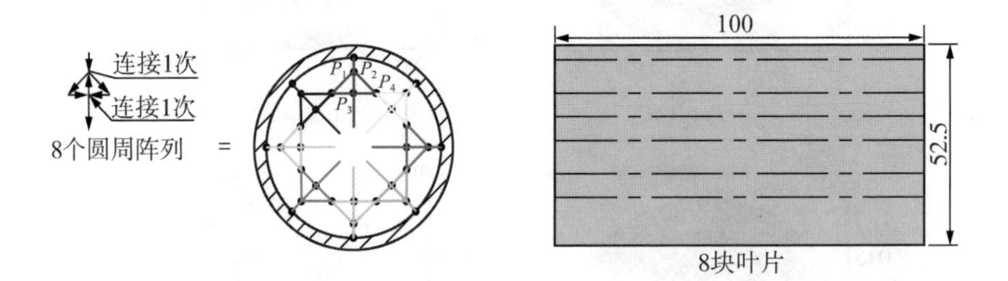

图 4－33　设计的调整器构成方式一

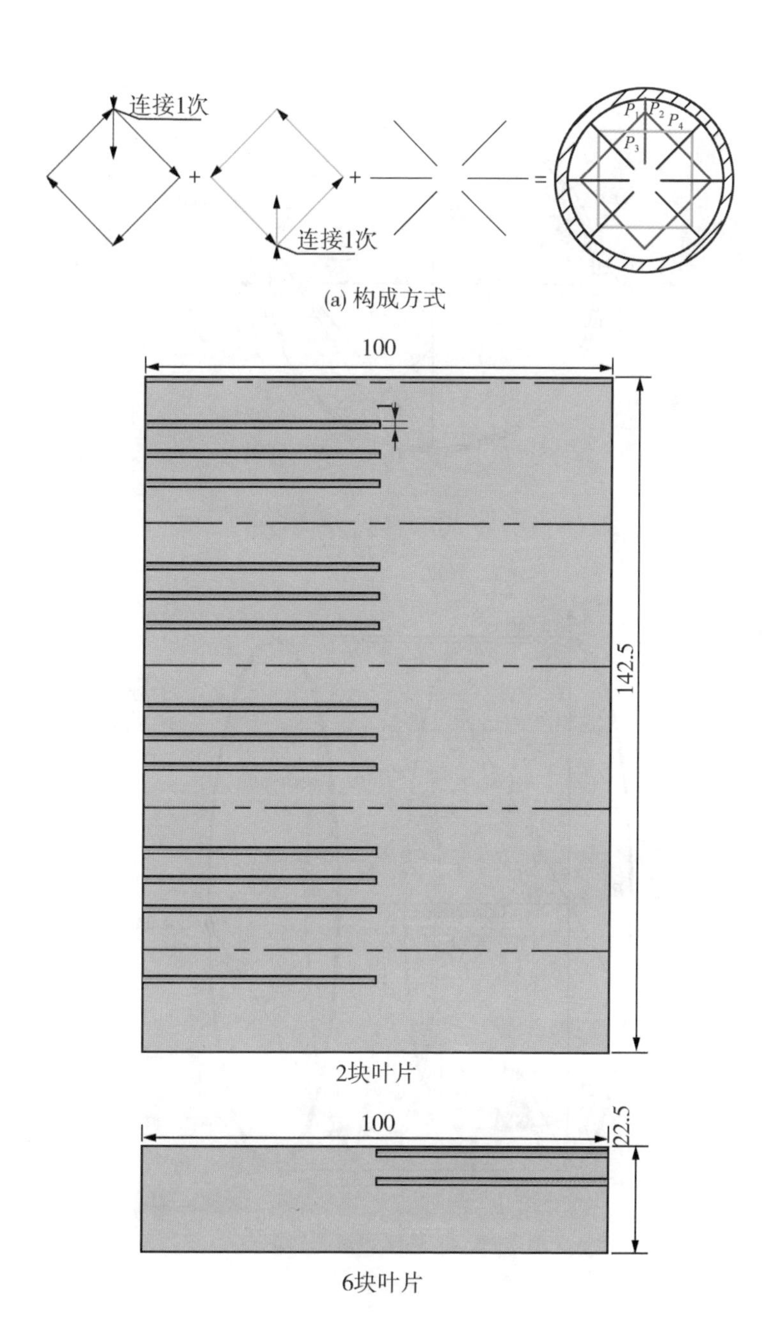

图 4－34　设计的调整器构成方式二

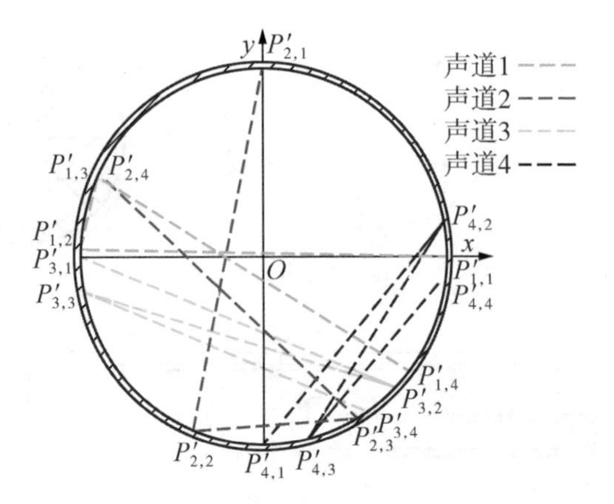

图 5－5　多声道平面声道模型

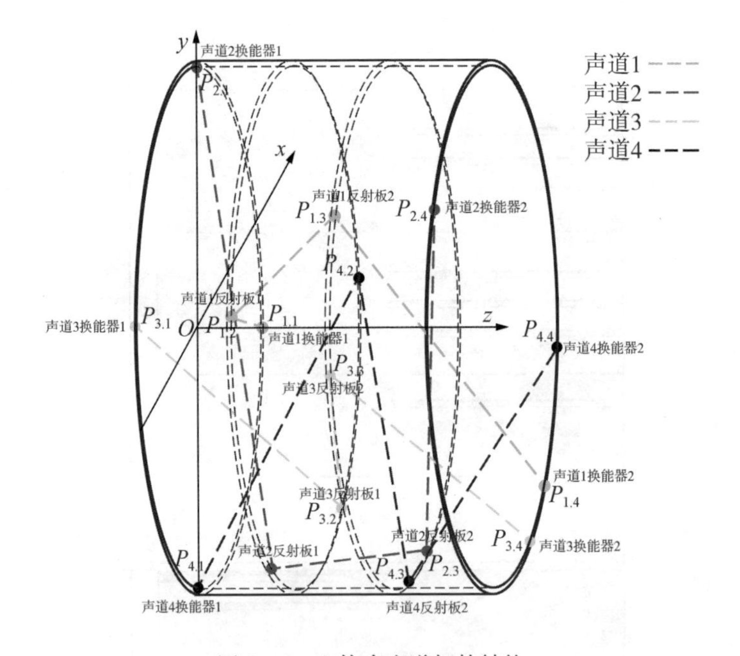

图 5－6　立体多声道拓扑结构